PRÄMISSE

Wir haben uns bemüht nicht einfach ein weiteres Bautechnikbuch zusammenzustellen. Deren gibt es genug und in guter Qualität. Hier geht es vielmehr darum, die Tendenz zur Kluftbildung zwischen dem eher geistes- und betriebswissenschaftlich, wenn nicht gar nur formal orientierten Feld des „Entwurfs" und dem naturwissenschaftlich und technisch orientierten Feld der „Konstruktion" mit dem Werkzeug eines Unterrichtshilfsmittels überbrücken zu helfen. Der Routinebetrieb des Architekturbüros mit seiner Neigung zur Arbeitsteilung zwischen Entwurf und Ausführung, der Wettbewerbsbetrieb mit seinen kleinen Massstäben, die Akademielastigkeit von Hochschulen mit ihrer Fächertrennung einschliesslich der entsprechenden personellen Besetzung, dies alles hilft nicht, Architektur als den Gleichgewichtszustand zwischen Utilitas, Firmitas und Venustas zu verstehen und zu entwickeln, was eigentlich ihre zentrale Aufgabe sein sollte. Die Praxis mag sich nach der Maxime grösster Effizienz organisieren, sie ist auf Produktion ausgerichtet. Die Architekturschule hingegen hat sich an der Ganzheit ihres Studienobjekts zu orientieren. Sie darf der arroganten Einseitigkeit weder des Designers noch des Technikers noch des Baumanagers Vorschub leisten. Deshalb wurde hier versucht durch ein Geflecht verschiedener Fachinhalte einschliesslich der Architektur- und Technikgeschichte, vom Standpunkt der Baukonstruktion her das unabgeschottete Denken eines Architekten abzubilden.

INHALT UND FORM

Die KONTEXT-Broschüren stellen eine locker organisierte Konstellation von theoretischen Überlegungen, systematisch und einprägsam visualisierter technischer Information und deren Zurückführung auf ihre prinzipielle Basis dar. In jedem der 10 Bücher KONTEXT wird wohl ein spezifischer Standpunkt eingenommen. Hilfswissenschaften werden angezapft, nachbarliche Standpunkte berücksichtigt, um deren Rolle bei der Erzeugung spezifischer konstruktiver Lösungen zu erklären. Doch ist stets der ganze Bau angesprochen. Einmal sind es die Elemente Dach, Wand, Decke, Sockel und Öffnung von denen her Bau betrachtet wird. Die Treppen und Lifts werden als Elemente des Erschliessungssystems zusammen mit ihren Nachbarsubsystemen der Haustechnik dargestellt, unter Metier und Baustruktur werden Fragen der Entwurfs-, Konstruktions- und Bauproduktions-Methoden behandelt. Unter den Titeln Ökonomie und Zahn der Zeit schliesslich werden Methoden der Baukostenermittlung und Kontrolle sowie die Frage des Langzeitverhaltens von Bauwerken behandelt. So wird der Leser dazu aufgefordert „BAU" auf verschiedene Arten, als verschiedene Realitäten kennen zu lernen.

Die reichhaltige Illustration der KONTEXT-Broschüren nimmt auf den „leichten Hang zur Legasthenie" Rücksicht, der den Architekten allgemein auszeichnet. Doch werden nicht fertige Details gezeigt, sondern eher deren „Elemente". Ein grosses Gewicht ist auf die „Spielregeln" ihrer Anwendung, sowie auf die „Methodik" des Einbezugs konstruktiver Erwägungen in den Entwurfsprozess gelegt. Mit Hilfe von Zitaten aus vielen alten und neuen Technikbüchern und Zeitschriften soll der Leser auf das reichhaltige rundum bestehende Angebot von Architektur- und Bautechnikliteratur neugierig gemacht werden. Es besteht die Hoffnung, dass dadurch eine Vertiefung und Ausweitung der KONTEXT-Inhalte durch Selbststudium in allen Richtungen angeregt wird. Unsere Informationspakete sind ja weder vollständig, noch in Form eines Skripts oder einer Autographie systematisiert. Als Nachschlagewerke lassen sie sich jedoch jederzeit durch das Anbringen von Reitern und Griffzeichen präparieren.

DIDAKTIK

Selbstverständlich ergibt sich die angestrebte Spurbreite von bautechnischem Einzelwissen, wie auch die Fähigkeit dieses im Entwurfsprozess wirksam werden zu lassen, nicht aus der blossen Lektüre der KONTEXT-Papiere. Wir setzen im Unterricht des 2. Jahreskurses der Eidgenössischen Technischen Hochschule in Zürich, ETHZ, voll auf die alte Weisheit von Kung Fu Tse

> Ich höre und vergesse
> Ich sehe und erinnere mich
> Ich tue selbst und begreife

Hierzu dienen vorerst die kommentierenden und exemplifizierenden Vorlesungen. In bildhafter Weise werden Probleme, Mittel und Methoden der Konstruktion einzelner Bauteile und ihrer Beziehung zueinander aufgezeigt und bis in den konkreten Praxisfall verfolgt. Konzeptionelle Ansätze, die sich aus Material, Technik oder Organisation für den Entwurf als Ganzes ergeben, werden aufgespürt und analysiert. Parallel dazu laufen Übungen, die vorerst daraufhin ausgerichtet sind, auf explorative Weise technische Probleme und die mit ihrer Lösung verbundenen Chancen zu erkennen und technisches Wissen anzuwenden. Dabei wird die Aufgabe so gestellt, dass sie die anvisierten konstruktiven Problemtypen enthält. Als nächste Stufe folgt schliesslich der „freie" Einbezug konstruktiver Kenntnisse in den Entwurfsprozess. Eine solche Didaktik funktioniert nur, wenn das Entwerfen mit dem Mittel der Konstruktion genau so ernsthaft als architekturkonstituierende Tätigkeit von allen beteiligten Lehrern anerkannt und kompetent eingesetzt wird wie das Entwerfen mit den Mitteln von Raum und Form. Vor allem aber müssen didaktisch Situationen erfunden werden, die dieses Ziel im Auge haben.

MITARBEITER

Viele Köpfe und Hände sind in irgendeiner Form an der Entstehung von KONTEXT beteiligt gewesen, sei es, dass sie zeichneten, schrieben, recherchierten, kritisierten, korrigierten, montierten. Ich nenne sie in der ungefähren Reihenfolge ihrer Beiträge:

- 1961-70, Phase der losen Arbeitsblätter im ersten Jahreskurs: H. Albrecht, M. Hausammann, H. Kramel, E. Rüfli.
- 1971-75, Bündeln zu KONTEXT Heften von Arbeitsblättern und Anweisungen zum Übungsfortschritt im 2. Jahreskurs mit: T. Boga, W. Haker, D. Illi, E. Knaus, R. Lüscher, E. Rysler, H. Tobisch, B. Zophoniasson, L. Szomor.
- 1976-82, Entwicklung der KONTEXT-Themenhefte: W. Haker, U.B. Roth, G. Frey (Bauwesen, Baustrukturen, Bausysteme); E. Rysler (Bauteile, Wand, Sockel, Dach); E. Rysler, W. Herzog (Decke); P. Spörli, E. Rysler (Öffnungen); B. Zophoniasson, K. Kühn (Zirkulation); D. Illi, E. Rysler (Zahn der Zeit); P. Spörli, B. Loderer (Ökonomie). Sekretariat: R. Maag. Studenten: S. Hubacher, O. Monsch, V. Grossen, A. Campagno, H. Frei, B. Jordi, Ch. Kunz, Ch. Brasseur, R. Vollenweider, Ch. Sumi.
- 1983-90, Aktualisierung und Ergänzungen der KONTEXT Themen: G. Frey (Baustruktur); E. Rysler, F. Kölliker (Wand/Sockel); F. Kölliker (Sockel, Decke, Bauökonomie, Zahn der Zeit); F. Kölliker, H. Siegle, G. Kueng, U. Pfammatter (Dach). Sekretariat: M. Coray, D. Scheuber, A. Amgwerd, G. Renschler, F. Schneider, J. Riger, W. Gehrig. Studenten: H. Brändle, E. Eisenhut, S. Viva.
- 1991, Schlussfassung KONTEXTE Hausdach, Wand + Mauer, Haussockel, Decke + Boden, Öffnungen: B. Walser, G. Küng. Sekretariat: W. Gehrig, D. Donner. Studenten: A. Jessen, V. Petters, D. Lorenz, C. Vehling, R. Pezzi, F. Klantschitsch, K. Plein, C. Tilemann.

Als Oberassistenten waren Emil Rysler von 1972, Fredi Kölliker von 1982 an mit Redaktion und periodischer Aufarbeitung der KONTEXT-Inhalte befasst. Sie haben wesentlich zum Stand der meisten Broschüren beigetragen. August 1991, Prof. H. Ronner.

Mitten in den Vorbereitungsarbeiten zu den weiteren fünf geplanten KONTEXT-Bänden (Zahn der Zeit, Bauökonomie, Zirkulation, Baustruktur und Metier) verstarb Prof. Heinz Ronner im Februar 1992. Emil Rysler und Fredi Kölliker setzten mit der Weiterbearbeitung der Themen 'Zahn der Zeit', 'Zirkulation' und 'Baustruktur' die Buchreihe fort.

- 1994, Schlussfassung „Zahn der Zeit": F. Kölliker, Mitarbeiter: M. Bickel, St. Lozza.
- 1994, Schlussfassung „Zirkulation": F. Kölliker, Mitarbeiter: M. Bickel. St. Lozza. I. Allenbach.
- 1995, Schlussfassung „Baustruktur": E. Rysler.

BAUKONSTRUKTION IM KONTEXT DES ARCHITEKTONISCHEN ENTWERFENS

HEINZ RONNER † · FREDI KÖLLIKER · EMIL RYSLER

BAUSTRUKTUR

Herausgegeben von Emil Rysler

BIRKHÄUSER VERLAG
BASEL · BOSTON · BERLIN

Die Deutsche Bibliothek – CIP-Einheitsaufnahme

Baukonstruktion im Kontext des architektonischen Entwerfens /
Heinz Ronner ; Fredi Kölliker ; Emil Rysler. – Basel ; Boston ;
Berlin : Birkhäuser.
  Teilw. verf. von Heinz Ronner
NE: Ronner, Heinz; Kölliker, Fredi; Rysler, Emil

Baustruktur / hrsg. von Emil Rysler. – 1995
  ISBN 3-7643-2971-8

Dieses Werk ist urheberrechtlich geschützt. Die dadurch begründeten Rechte, insbesondere die der Übersetzung, des Nachdrucks, des Vortrags, der Entnahme von Abbildungen und Tabellen, der Funksendung, der Mikroverfilmung oder der Vervielfältigung auf anderen Wegen und der Speicherung in Datenverarbeitungsanlagen, bleiben, auch bei nur auszugsweiser Verwertung, vorbehalten. Eine Vervielfältigung dieses Werkes oder von Teilen dieses Werkes ist auch im Einzelfall nur in den Grenzen der gesetzlichen Bestimmungen des Urheberrechtsgesetzes in der jeweils geltenden Fassung zulässig. Sie ist grundsätzlich vergütungspflichtig. Zuwiderhandlungen unterliegen den Strafbestimmungen des Urheberrechts.

© 1995 Birkhäuser Verlag, Postfach 133, CH-4010 Basel, Schweiz
Gedruckt auf säurefreiem Papier, hergestellt aus chlorfrei gebleichtem Zellstoff
Printed in Germany
ISBN 3-7643-2971-8

9 8 7 6 5 4 3 2

INHALTSVERZEICHNIS

Einleitung 3

WAS MACHT DER ARCHITEKT? 5

KONSTRUKTIVES ENTWERFEN 23

BAUWEISE – BAUSTRUKTUR 29
    Massiv-, Schotten- und Skelettbauweise 32
    Baustruktur 32
        Massivbauweise, Beispiele 34
            Louis I. Kahn, Esherick House, Chestnut Hill, 1959-61 35
            Venturi und Rauch, Vanna Venturi House, Chestnut Hill, 1962-64 35
            U. Riva, Ferienhaus, Stintino (Sardinien), 1959-60 36
            A. Gigon, M. Guyer, Kirchner-Museum, Davos, 1992 37
            O.M. Ungers, Wohnbebauung „Neue Stadt", Köln, 1961-64 38
            O.M. Ungers, Wohnbebauung „Märkisches Viertel", Berlin, 1962-67 39
        Schottenbauweise, Beispiele 40
            Alvar Aalto, Wohnhochhaus „Neue Var", Bremen, 1958-62 40
            Atelier 5, Siedlung Halen, Stuckishaus, Bern, 1959-61 40
            N.J. Habracken, S.A.R. (Stichting Architecten Research), TU Eindhoven, seit 1964 42
            M. Meili, M. Peter, Projekt für ein viergeschossiges Wohnhaus in Holzbauweise, 1993 43
            Tobia Scarpa, Casa Scarpa, Trevignano, 1969-70 44
            R. Schindler, Lovell Beach House, Newport Beach, 1925-26 45
        Skelettbauweise, Beispiele 46
            J. Duiker, Ambachtsschool, Scheveningen, 1930-32 46
            K. Schneider, W. Scholl, H. Spieker, Universitätsbau auf den Lahnbergen, Marburg, 1965 47
            Atelier 5, Mensa, Universität, Stuttgart-Vaihingen, 1970-76 48
            Diener & Diener, Zwei Wohnhäuser im St. Alban-Tal, Basel, 1983-86 49
        Mischbauweise, Beispiele 50
            Stadtvilla Jaisalmer 50
            W.G. Clark, Middleton Inn, Charleston S.C., 1986 51
            R. Meier, Smith House, Darien, 1965-67 52
            Diener & Diener, Bebauung Riehenring, Basel, 1982-85 53
    Baustruktur und Raumeigenschaften 54
    Baustruktur und Konstruktion 54
    Primärsystem und Deckensystem 55
        Baugenossenschaften, kommunaler Wohnungsbau 56
        J. Gowan, Wohnhaus, Hamstead, London, 1964 57
    Vertikale Raumbeziehungen 58
    Horizontale Raumbeziehungen 59
    Steildach und Baustruktur 60
        D. Schnebli, Casa Wolk, Magliaso, 1977 61

MEHRGESCHOSSIGKEIT 63
    Mehrgeschossige Tragwand 66
    Gebäudeform 66
        Pasamella+Klein, Twin Parks West, New York 67
    Volumengliederung 68
    Baustrukturgliederung 68
        J. Stirling, Leicester University Engineering Building, 1959-63 69
        W. Aebli, B. Hoesli, Druckerei Zollikofer, St. Gallen, 1968 70
        H. Brechbühler, Gewerbeschule, Bern, 1939 71
    Fuss und Kopf des Gebäudes 72
    Sockelgeschoss 72
        Pierre Zoelly, Ferienhaus Rötlisberger, Jeizinen, 1971 73
        A. Mangiarotti, B. Morassutti, Zwei Berghäuser, San Martino di Castozza, 1958-60 74
        F.L. Wright, Rose Pauson House, Phoenix, Arizona, 1940 75
    Dachgeschoss 76
        Frank Gehry, Wosk Residence, Beverly Hills, 1982-84 77
    Erschliessung und Baustruktur 78
        J. Herzog, P. de Meuron, Wohnhaus Schützenmattstrasse, Basel, 1993 79

DER BAU ALS GANZES 81
   La Casa del Fascio von Giuseppe Terragni, 1932-36 83
   Une petite Maison von Le Corbusier, 1923 88
   Immeuble Clarté von Le Corbusier, 1932 90
   L' „Unité d'Habitation de Grandeur Conforme" von Le Corbusier, 1946-52 92

STANDARDISIERUNG ALS IDEE 101
   Das konstruktiv-konzeptionelle Entwerfen: Der Pavillon Suisse von Le Corbusier, 1930-32 103

ADDENDUM 109

EINLEITUNG

Bewusst oder unbewusst beeinflussen konstruktive Gegebenheiten den Prozess des architektonischen Entwerfens. In diesem Band soll gezeigt werden, wie sich diese Faktoren bereits von den ersten Entwurfsschritten an operativ und formbildend einsetzen lassen. Mit der Einführung der Schlüsselbegriffe „Bauweise" und „Baustruktur" wird die Komplexität realer Baustellen auf wenige entwurfsrelevante Faktoren reduziert; ebenso werden deren Regeln und gegenseitigen Abhängigkeiten erläutert. Eine Vielzahl von Beispielen veranschaulichen, wie namhafte Architekten diese Ordnungsfaktoren des konstruktiven Entwerfens thematisiert haben.

„Baustruktur" richtet sich vor allem an Studierende der Architektur. Weil sie noch über wenig entwickelte Erfahrung verfügen, soll ihnen dieser Band einen analytischen Zugang zum realen Bauen ermöglichen. Aber auch dem oft in Detailentscheiden der täglichen Arbeit gefangenen Praktiker bietet er durch das Aufzeigen der Konzepthaltigkeit und der Zusammenhänge seiner konstruktiven Entscheide Hilfe und Anregung.

„Baustruktur" war bei Professor Ronners Tod noch am wenigsten durch die Überarbeitung geformt, die er sich für die Zeit nach seiner Emeritierung vorgenommen hatte. Einzelne Teile wie „Was macht der Architekt?" hatte er sich als Text für seinen Entwurfsunterricht aufbereitet; „Standardisierung als Idee, das konstruktiv-konzeptionelle Entwerfen" überarbeitete er für die von Jan Verwijnen iniziierte Werk/Bauen+Wohnen-Nummer zum Thema „Konstruktion".[1] Der Text dieser beiden Teile ist hier unverändert abgedruckt. Die Illustrationen dazu sind zum Teil neu erstellt worden.

Auch bei der Bearbeitung der restlichen Teile wurde versucht, generell so nahe wie möglich bei der ursprünglichen Textfassung und damit bei Professor Ronners originalem Gedankengut zu bleiben. Der Beispielteil wurde aktualisiert und neu gegliedert, so dass Text und begleitende Beispiele sich unmittelbar folgen. Sie sind so gewählt, dass sie eine Vielzahl von Entwurfsthemen aufzeigen, die zu Bauten führten, die schlussendlich hier auch unter dem Thema „Baustruktur" betrachtet werden können. Wo immer möglich kommen die Architekten durch ihre eigenen Texte zu Wort. Die Illustrationen des Kapitels „Konstruktives Entwerfen" weisen auch auf die beiden weiterführenden Forschungsarbeiten zu diesem Thema hin.[2]

Die von Georges Frey mit der „Casa del Fascio" und „Une petite maison" begonnene Darstellung von Bauten als Ganzes wurde in einem eigenen Kapitel zusammengefasst und die Illustrationen zu Christian Sumis damaliger Darstellung der „Maison Clarté" auf der Grundlage seines inzwischen veröffentlichten Buches aktualisiert. Eine neue Darstellung der „Unité d'Habitation" in Marseille mit Hilfe der von Professor Bernhard Hoesli aufgenommenen und später in den Fundus von Professor Ronner gelangten Photos der Baustelle schliessen diesen Teil ab.

Professor Ronner hatte sich als spezielle Herausforderung vorgenommen, „seine" Bände „Baustruktur", „Zirkulation" und „Zahn der Zeit" elektronisch zu produzieren und sich damit in einer Art Selbstversuch mit dem Computer auseinanderzusetzen. Vier Jahre später ist dies nun Realität, nicht zuletzt Dank dem Fortschritt der Technik. Ich danke dem Verlag für die Unterstützung dieses Versuchs und auch den vielen guten Geistern, die mir halfen, indem sie immer zur rechten Zeit ein schier unüberwindliches Problem aus dem Weg räumten. Speziell möchte ich Herrn Justin Messmer von MEMO erwähnen, der seine modernste Ausrüstung spontan zur Fertigstellung des Bandes zur Verfügung stellte und mir mit Rat und Tat zur Seite stand, die Tücken der Bits und Bytes zu meistern.

Januar 1995
Emil Rysler

WAS MACHT DER ARCHITEKT?

Wir wollen einmal vorne beginnen; dort wo man sich fragt, was denn der Architekt eigentlich tut. Ich habe in dieser Sache ein Schlüsselerlebnis gehabt, als Student nach dem Vordiplom, als ein betuchter Herr, dem ich als cand. arch. vorgestellt worden war, eines Tages erklärte, er wolle eine kleine Fabrik mit Wohnhaus bauen, so und so, er habe da ein Stück Land. Und nach einem langen, lehrreichen Gespräch sagte er: „Mach einen Plan, Du kannst mir dann Rechnung stellen." Da hatte ich zum ersten Mal mit treffenden Worten formuliert erfahren, worum es ging in dem Beruf, den ich erwählt hatte. Einen Plan machen[3]; einen Plan, in dem all das, was er mir erklärt hatte, investiert sein sollte: die Wünsche, die zum Ausdruck gekommen waren, erfüllt; die Randbedingungen, von denen er nur eine Ahnung hatte, erkannt und voll berücksichtigt; die Fragen, die er nicht selber beantworten konnte, beantwortet. Es sollte ein Plan sein, den er dann einem Unternehmer geben konnte zum Rechnen. Das Gezeichnete sollte also ausführbar sein, sollte im Rahmen der Möglichkeiten des Unternehmers liegen, ohne Kopfzerbrechen und mit normalen Kosten. Deswegen setzte er ja schliesslich sein Vertrauen in einen Architekten! Er erwartete, da er keine rechte Vorstellung hatte von dem zu planenden Gegenstand, dass der Fachmann über eine solche Vorstellung verfüge, die ihm erlaube, die geforderte Leistung zu erbringen, so dass man obendrein noch merke, dass die Lösung von einem Architekten stammt, also gewissermassen höheren Ansprüchen zu genügen vermag.

EINE VORSTELLUNG VON ARCHITEKTUR
Was ist das für eine Vorstellung von der Sache Architektur, die man braucht, um einen „Plan machen" zu können? Damit kann nicht irgendeine allgemeine Vorstellung gemeint sein, eine, die den Biertischkonsens im Auge hat und letztlich auf die Reproduktion irgendwelcher dem herrschenden Geschmack entsprechenden Vorbilder hinausläuft. Es geht auch sicher nicht um eine intellektuell schmeichelhafte „Reflexion" von Architektur, die sich nur an den momentanen Vorlieben der „haute volée" der Kritiker orientiert und sich um Brauchbarkeit und allgemeine Verständlichkeit schert. Anderseits muss man achtgeben, dass Architektur nicht kurzsichtiger Brauchbarkeit und Machbarkeit zuliebe „in den Griff genommen" und auf einen allzu simplen Nenner reduziert wird. Plänemacher dürfen sich nicht zum blossen Vollzugsorgan von Vorschriften, Normen, Programmen und Renditeberechnungen machen lassen. Wie schnell sind sonst all die nicht vordergründigen und quantitativ nur schwer fassbaren Belange des Ortes und der Zeit, wie schnell ist auch die sinnlich emotionelle und intuitive Komponente ausgeklammert, die bewirken, dass aus umbauten Kubikmetern Architektur wird. Damit hätte man sich aber ebensosehr der Überheblichkeit schuldig gemacht, wie wenn man behaupten würde, ohne die hier gesuchte, gedankliche Ordnung in bezug auf den Komplex Architektur und die „marche raisonnée" zu seiner Erzeugung, auszukommen.

DEN ARBEITSGEGENSTAND VERSTEHEN[4]
Wir brauchen eine Sicht von Architektur – ein Modell, welches erlaubt, den Komplex von verschiedenartigen, verschiedengewichtigen und zu verschiedenen Zeiten des Werdegangs von Programm, Projekt, Bauvorgang und Lebensdauer auftretenden Einflüssen und Sachverhalten in Bezug auf Architektur vorerst einmal zu sehen, zu verstehen und ohne sinnverzerrende Vereinfachung beschreiben zu können.

EIN KOMMUNIKATIONSMITTEL HABEN
Ferner wäre zu wünschen, dass die gesuchte Art, Architektur zu begreifen, nicht lediglich die private Sache eines einzelnen sei. Sie soll vielmehr von einer Allgemeinverständlichkeit sein, die sie zu einem allgemein akzeptablen Kommunikationsmittel macht. Da Architektur ein gesellschaftliches Anliegen ist, sollte das Architekturgespräch auf einer einfachen Ebene auch vom Laien, mindestens aber vom Betroffenen, mitgeführt werden können. Worte und Begriffe sollten anschaulich sein, frei von hermetischem Jargon. Gleichzeitig müssen die begrifflichen Elemente differenzierbar sein, um einem Fachgespräch auf hoher Ebene zu genügen. Wäre dieser Wunsch erfüllt, so würde man auch für die Lehre über jenen gemeinsamen sprachlichen Nenner verfügen, der mindestens für den Grundlagenunterricht einer Hochschule unverzichtbar ist.

EINE HANDHABE FÜR DEN ENTWURF HABEN
Über ein solches theoretisches Verständnis hinaus soll die gesuchte Vorstellung von Architektur genügend Handgriffe bieten dafür, dass wir die gefundenen Begriffe und Zusammenhänge beim Entwerfen resultatbringend und den Nachvollzug des Prozesses nicht ausschliessend einsetzen können. Sie soll also werkzeugmässig praktikabel sein in einer Art, die es erlaubt, von einem stark vereinfachten Einstieg her zu hoher Vielfalt und Komplexität erweitert und ausgebaut zu werden. Nun wollen wir hier, in einem Bild gesprochen, nicht jedem seinen individuellen Hobel verabreichen; jeder wird sich sein begriffliches und operationelles Werkzeug nach und nach selber zurecht machen; aber das Prinzip der spanabhebenden Holzbearbeitung anhand eines Prinzipschemas darzustellen, das können wir versuchen.

MODELLE
Eine Sache zu beschreiben, die nicht von einfacher Art ist, so dass ihr Sinn, die Beziehung ihrer Teile und ihre Entstehungsweise nicht ohne weiteres ersichtlich ist, bediene ich mich stellvertretend für die Sache eines Modells. Architektur ist eine solche Sache, die man, um darüber sprechen zu können, mit Vorteil als Modell fixiert. In unserer Zeit gibt man solchen Modellen die Natur von Systemen[5]. Man gliedert die Ganzheit, die man behandeln will und sagt, sie bestehe aus Teilen; diese Teile, weil sie einer Ganzheit angehören, haben Beziehungen zueinander; diese Beziehungen nennt man Struktur: Ganzheiten haben Struktur. Sodann ist nichts so gross und ganz, dass es nicht eine Umwelt hätte, mit der es in Beziehung steht, von der es vielleicht sogar abhängig ist. Unser Modell ist also nur ein Ausschnitt aus einer Umwelt, aus einem Lebenszusammenhang. Ein Modell „Architektur".

EIN MODELL „ARCHITEKTUR"
Das hier vorgeschlagene Modell von Architektur gliedert die Ganzheit des Bauwerks in 5 Teilaspekte von hohem Abstraktionsgrad, jeder als Komplex realer Einflüsse erkennbar: man kann Bauten verstehen als eine Sache, die in einer Umwelt (Ort und Zeit) steht, einer Nutzung (Inhalt) dient, indem sie Raum in Abteilungen von angemessener Grösse und geordneter Beziehung enthält, mittels Konstruktion, die durch Material und Technik bestimmt wird, gemacht ist und im Ganzen wie in seinen Teilen Form hat. Diese Einflussfelder enthalten je eine eigene „Topographie", sind gegliedert in Unteraspekte mit eigener Ordnung, in denen man leicht ein Abbild der baulichen Wirklichkeit wiederfinden kann.

UMWELT – Faktoren und Ordnungen, welche die Umwelt definieren:

• Umwelt im engeren Sinn: Natürliche Umwelt; Aussicht, Klima, Topographie, Geologie, Hydrologie, Fauna, Flora, Landschaft. Künstliche Umwelt; gebaute Umwelt, Stadt, Vorstadt, Dorf, mit ihrer spezifischen räumlichen Ordnung. Verkehrssituation, Werkleitungen (materielle Infrastruktur).

• Umwelt im weiteren Sinn; sozialer und wirtschaftlicher Kontext, geschichtliche Situation, Mode, Stil, Stand der Baukunst, Vorhandensein von Produktionsfaktoren. Das Unverwechselbare eines Ortes, mit Genius loci bezeichnet, gehört hierher.

NUTZUNG – Faktoren und Ordnungen, welche sich aus der Zweckbestimmung des Gebäudes ergeben:

• Nutzung im engeren Sinn: Geometrie der Tätigkeiten, denen der Bau dienen soll; Flächenbedarf; Stellfläche, Bedienungsfläche, Verkehrsfläche. Raumbedarf: Flächenbedarf in Verbindung mit der geforderten Raumhöhe, Durchgangs- und Durchfahrts- oder durch andere Faktoren bestimmte Höhen. Organisatorische Dimension der Tätigkeiten: Tätigkeitsbeziehungen, Intensität, Häufigkeit, Konstanz, Variabilität, Gleichzeitigkeit, Ungleichzeitigkeit. Physiologische Dimension der Tätigkeiten; Licht-, Luft-, Sonnenbedarf; Behaglichkeitsbedarf, ausdrückbar in Luft- und Oberflächentemperatur, Luftfeuchtigkeit, Luftwechsel. Technische Dimension der Tätigkeiten; Nutzlast, Medienbedarf, Ausrüstungsbedarf und weitere technische Variable. Man kennt diese Werte auch unter dem Begriff der Kondition.[6]

• Nutzung im weiteren Sinn; soziologische und psychologische Dimension der Tätigkeiten; aktive und passive Beziehungs-/Separierungsbedürfnisse; Selbstbestimmung in organisatorischer/gestalterischer Beziehung evtl. partizipatorischer Input. Im übertragenen Sinn kann hier vom Inhalt die Rede sein.

RAUM – Architektonischer Raum, durch raumdefinierende Massnahmen aus dem mathematisch-physikalischen Raum herausgegrenzter Innenraum, Aussenraum, Zwischenraum, Umraum, schlechthin der durch die menschliche Wahrnehmung bestehende Raum. Er wird wahrgenommen durch seine geometrischen Eigenschaften (Grösse, Form, Gliederung), welche durch die Disposition der raumdefinierenden Elemente (Wände, Stützen, Decken) entstehen. Seine Qualität wird bestimmt durch die Eigenschaft, Nutzungen bedürfnisgerecht aufzunehmen, sei es auf funktionale oder auf evozierende Weise. Die Organisation der Räume zueinander schafft Orientierung und Erlebnis in Bezug auf innen und aussen, Ruhe und Bewegung, Hauptsache und Nebensache, privat und öffentlich. Seine Quali-

tät wird weiter bestimmt durch die Führung des Lichts (Lage und Grösse der Öffnungen), der Akustik und weitere sinnlich wahrnehmbare Eigenschaften, wie sie durch die verwendeten Materialien und die notwendigen technischen Hilfsmittel und Systeme vermittelt werden.[7]

KONSTRUKTION ist die Summe der für den physischen Bestand des Bauwerks (Erstellung, Betrieb, Unterhalt und Erneuerung) notwendigen Massnahmen. Sie betrifft die Auswahl von Material (Baustoffe, Elemente, Komponenten, Subsysteme) und Methode (Techniken, Verfahren, Hilfsmittel) unter Kontrolle der naturwissenschaftlichen (Physik, Chemie, Biologie) und operationellen (Fertigung, Logistik) sowie ökonomischen Randbedingungen und unter ökologischer Zielsetzung. Konstruktion manifestiert sich in den primären, raumdefinierenden Elementen (Wand, Stütze, Decke), in den räumlichen und technischen Zirkulationssystemen (Treppen, Lift, Heizung, Lüftung, Sanitär, Elektrisch), in der Erfüllung und Wertsetzung der technischen Bedingungen und Möglichkeiten der Gebäudehülle und des Ausbaus.

FORM – Summe der Phänomene, welche die Erscheinung eines Bauwerkes bestimmen.

• Volumen: Verhältnis des Ganzen zu seiner Umgebung und zu seinen Bestandteilen; Verhältnis der Teile zueinander; bezüglich Grösse, Format, Figur-Grund, Material- und Farbwirkung.

• Verhältnis von offenen zu geschlossenen Teilen; Grösse und Format; Verhältnis zu umgebenden Formen und zum Inhalt des Objekts.

• Material, Textur und Farbwirkung der Teile, Elemente, Komponenten (Sprossen, Fugenbild etc.) ergonomische und haptische Eigenschaften.

DER ARCHITEKT. Ob es sich nun um ein Modell mit erklärender Funktion handelt oder ob beabsichtigt ist, das Gedankengebäude als Grundlage für entwerferische Handlungen zu gebrauchen, in jedem Fall wird auch der "Operateur", der das Modell Benützende, darin eine Rolle spielen. Erst er, der das Gebilde wertend in Bewegung setzt, gibt den 5 Konstituierenden ihre endgültige Definition und versieht sie in sich und untereinander mit Prioritäten. Seine Lebensvorstellung, sein Erfahrungshintergrund, seine Bildung, seine Intuition, Vorlieben und Aversionen, seine Liebe zur Sache, kurz das, was man seine „Mitgift" nennen könnte, finden über ihn Eingang in die Betrachtung und den Prozess. Dadurch, dass der Macher sich selber als einen Teil des zu erklärenden oder zu entwerfenden Zusammenhangs versteht, erhält das Modell seinen Sinn.[8]

DIE STRUKTUR UNSERES MODELLS

Legt man die vorgeschlagenen Elemente unseres Modells nebeneinander aus, so wird man mannigfaltiger Beziehungen gewahr, die von sich aus bestehen: Sofort ist die alle anderen Elemente durchdringende Natur von Umwelt offensichtlich: Die Umweltabhängigkeit von Nutzung besteht in deren Orts- und Geschichtsbedingtheit. Wohnen, Arbeiten, Freizeit findet nicht überall und fand nicht immer in derselben Art statt. Da können schon 20 Jahre erhebliche Unterschiede bewirken. Dasselbe gilt für Konstruktion, sie steht durch Klima sowie die örtlichen Material und Produktionsgegebenheiten historisch durch den Stand der Baukunst an die Umwelt gebunden[9]. Auch Form ist in geradezu hervorragender Weise umweltabhängig. Wenn wir an die lebhafte Stilfolge z.B. der letzten 100 Jahre und ihre Abhängigkeit von ausserarchitektonischen Faktoren denken. Raum als Nutzraum ist an den Ort der Erstellung sowie über die jeweilige Raumauffassung an die Zeit seiner Erstellung gebunden. Zwischen Nutzung und Raum besteht der Zusammenhang, dass die erstere den letzteren hervorruft oder der letztere die erstere evoziert[10], zulässt oder behindert, indem der von der Nutzung bedingte Raum durch das System der raumdefinierenden Elemente gebildet wird, welche in der Regel zugleich oder zum Teil die Elemente der konstruktiven Ordnung sind. Unmittelbar besteht also eine Beziehung von Nutzung auch zu Konstruktion, indem vor allem die physiologischen Bedingungen aus der Nutzung direkt konstruktive Entscheidungen der Materialisierung, der Wahl der technischen Systeme und der bauphysikalischen Disposition hervorruft. Nutzung und Form sind über die Bedeutung gekoppelt. Es kann vertreten werden, dass es Formphänomene gibt, welche einer bestimmten Nutzung angemessen, andere, welche unangemessen sind. Ein Wohnhaus ist kein Theater, ein Theater ist kein Dampfschiff. Dass bisher der Begriff der Funktion keine Rolle gespielt hat, mag erstaunen, ist doch von Funktion sehr eindringlich die Rede, wenn Architekten von ihren Bauten reden. In dieser Schrift wird deshalb um „Funktion" ein grosser Bogen gemacht, weil der Begriff zu vielseitig besetzt ist, oder deutlicher: Jeder versteht unter Funktion etwas anderes. Der Beziehungsreichtum unter unseren 5 Begriffen macht es verständlich, dass gewissen Vorlieben entsprechend – gewisse Beziehungen priorisiert werden. Im Bereich von Nutzung, Raum und Ort koaguliert dann etwa „Funktion", und das mag im Gespräch unter Insidern irgendeiner Gruppierung (Architekturbüro, Meisterklasse, Club von Gleichgesinnten) als Kürzel nützlich sein, nicht aber dort, wo im Interesse gedanklicher Klarheit auf die Verwendung von Begriffsklumpen verzichtet werden soll.

DER KOMPLEX BAU

Es ist nun wichtig zu sehen, dass unsere 5 Begriffe nicht gleichartig und gleichwertig im Raum stehen, sondern in ganz bestimmter Weise aufeinander bezogen (strukturiert) sind. Raum, Konstruktion und Form sind zusammen das, was den Begriff Bau ergibt. Sie sind das Werkzeug des Entwerfers, sein eigentlicher Kompetenzbereich, während Nutzung und Umwelt das von Fall zu Fall zu gestaltende Material sind. Raum, Konstruktion und Form bilden zusammen eine Art Regelkreis, d.h., nichts geschieht beim einen, was nicht bei den beiden anderen eine Reaktion auslösen würde; sie sind unzertrennlich. Die geradezu phantastischen technischen Möglichkeiten, über die wir im Moment verfügen, verleihen unserem Regelkreis zwar ein gewisses „Spiel", d.h., durch technischen Aufwand lassen sich Raum und Form bis zu einem gewissen Grad von den konstruktiven Bindungen freispielen. Man kann sich eine gewisse Lässigkeit der Form oder quasi freie Raumentwicklung erkaufen. Das ändert nichts an der prinzipiellen Unzertrennlichkeit der drei Dimensionen. Eine besondere Schwierigkeit bei dieser Unterscheidung in Raum, Konstruktion und Form ist die, dass sich auch die ersten beiden „Dimensionen" vorerst als Form äussern: jede Manifestation von Raum erscheint dadurch, dass man den Raum umstellen/materialisieren, letztlich also konstruieren muss, als ein formal definiertes Gebilde; er hat im Entwurf z.B. die Doppelnatur als Raum und Volumen. Volumen ist das vordergründigste Erkennungsmerkmal von architektonischer Form. Raum hingegen wird wohl durch formal definierte Gebilde umstellt, doch wahrnehmen lässt er sich nur als Raum, d.h. mit anderen Sinnen als ein Volumen, es sei denn, man giesse ihn aus – dann ist er aber nicht mehr ein Raum, sondern ein Volumen, eine Figur-Grund-Technik übrigens, die im Entwurf sehr hilfreich sein kann. Besonders die Unterscheidung von Konstruktion und Form ist anspruchsvoll: Ob etwas konstruktiv bestimmt ist, weil technisch-logisches Denken es bedingt, selbst wenn es dann mit Mitteln der Form (Verkleidung, Verzierung, Farbe) verunklärt wird, oder ob es sich konstruktiv bestimmt gibt, indem sein Anblick einen technoiden Eindruck macht, weil technische Elemente exhibitioniert werden, ist oft schwer auszumachen.

UNSER MODELL ALS PROZESSGRUNDLAGE

Der „Output", die Funktion[11] unseres Regelkreises von Raum, Konstruktion und Form, soll also die Fähigkeit des entworfenen Bauwerks sein, die geforderte Nutzung aufzunehmen sowie die Angemessenheit an die Randbedingungen der Umwelt herzustellen. Andersherum formuliert kann Entwerfen als jener Vorgang begriffen werden, bei dem die bauspezifischen Variablen Raum, Konstruktion und Form von den fallspezifischen Umständen einer Nutzung an einem bestimmten Ort in Bewegung gesetzt und geprägt werden. Nun müssen wir feststellen, wie der Prozess beschaffen sein kann, der diese Prägung zur Folge hat, also wie unser Modell als Entwurfswerkzeug brauchbar ist. Angesichts der Vielschichtigkeit der beteiligten Variablen ist davon auszugehen, dass Entwerfen nicht in einem einmaligen Akt oder Wurf bestehen kann. Der Begriff „Entwurf" kann da eine verführerische, wenn nicht gar fatale Rolle spielen. Entwerfen, zumal es einerseits rein quantitative Forderungen zu erfüllen, naturwissenschaftliche Sachverhalte zu berücksichtigen hat, dann auch individuelle, gruppendynamische und gesellschaftliche, anderseits aber sinnliche und emotionelle Energie aufnehmen muss, wie sie durch die Begriffe Wohlbefinden und Schönheit repräsentiert sind, und letztlich ein Gleichgewicht dieser an sich unvereinbaren Grössen anstreben soll, muss als ein mehrstufiges, mehrgliedriges, vielschichtiges Verfahren verstanden werden. Stufen, Glieder, Schichten und auch Schritte sind ebenfalls verführerische Worte, denn sie implizieren den linearen Fortgang vom Einen zum Nächsten. Anderseits funktioniert unser Denken beim Lösen einer Aufgabe tatsächlich so, dass es Standpunkt nach Standpunkt einnimmt und dabei das zu bearbeitende Objekt nach und nach einkreist und es so zunehmend komplex, zunehmend ganzheitlich sieht. So lässt sich z.B. die Entwurfsarbeit von Louis I. Kahn begreifen, der sich mit dem Bemühen um das Verständnis von „what it wants to be" seinen Resultaten rastlos annäherte. Die Schritte dienen also eher einem Abschreiten eines Feldes, so lange und so oft, bis man jeden seiner Teile betreten hat – um beim Bild mit den Schritten zu bleiben. Das Folgende sind also Beschreibungen solcher Schritte; in einer gedrängten, formelhaften Weise.

THEORETISCHE PROZESSMUSTER
Nun geht es darum, den Entwurf als einen fortschreitenden Versuchs- und Entscheidungsprozess zu diskutieren. Mit Nutzung, Umwelt, Raum, Konstruktion und Form haben wir es mit 5 verschiedenen Faktorenkomplexen zu tun. Wie sind diese methodisch handhabbar?

• Entwerfen als linearer Ablauf von Entscheiden gesehen: Die Teilprobleme werden eines nach dem andern gelöst. Die Lösung eines nachfolgenden Teilproblems wird immer bedingen, dass die vorhergehend gefundene Lösung nach den Erkenntnissen, die beim Nachfolgenden gemacht werden, modifiziert werden muss: man lernt. Dieser Rückkopplungsvorgang führt mit jedem weiteren Schritt zu einem ganzheitlicheren Resultat. Die Schritte (in unserem Schema N-F) lassen sich spiralig anordnen, indem jeder Spiraldurchgang als Arbeitsrunde aufgefasst wird, welche mit 5 wieder am Ausgangsort anlangt, jedoch auf einer höheren Ebene. Mit diesem höheren Erkenntnishorizont beginnt man die Schrittfolge von vorn so lange, bis ein befriedigendes Resultat erreicht ist.

• Entwerfen als feldüberdeckender Entscheidungsprozess gesehen: Man erzeugt Lösungen von einzelnen Teilproblemen (Varianten, Lösungstypologie), je unbeeinflusst von den benachbarten Teilproblemen; es entsteht eine Auswahl von möglichen Teillösungen. Diese werden dann mit benachbarten Teillösungen auf gegenseitige Übereinstimmung, auf Passen oder auf Verträglichkeit geprüft und zu Lösungskomplexen höherer Ordnung zusammengeführt. Über mehrere solcher Synthesestufen entsteht schliesslich eine Gesamtlösung. Auch in diesem Prozess sind Rückkoppelung und das mehrmalige Durchlaufen möglich und angebracht. Bei jedem neuen „Durchlauf" wird die im vorhergehenden Durchlauf erworbene Kenntnis aufgrund einer besseren Übersicht zu reicheren Resultaten führen. Bei diesen „Durchlaufs-Wellen" ist ein ähnlicher Lernprozess zu erwarten wie bei den „Spiralen" des linearen Ablaufs.

Wie auch immer der Prozess des Entwerfens angelegt ist, es muss das Ziel des Entwerfers sein, alle gewählten Gesichtspunkte miteinander in Beziehung zu setzen und ihre Einflüsse untereinander in ein Gleichgewicht zu bringen. Es ist nicht zu übersehen, dass jedes Prozessmuster

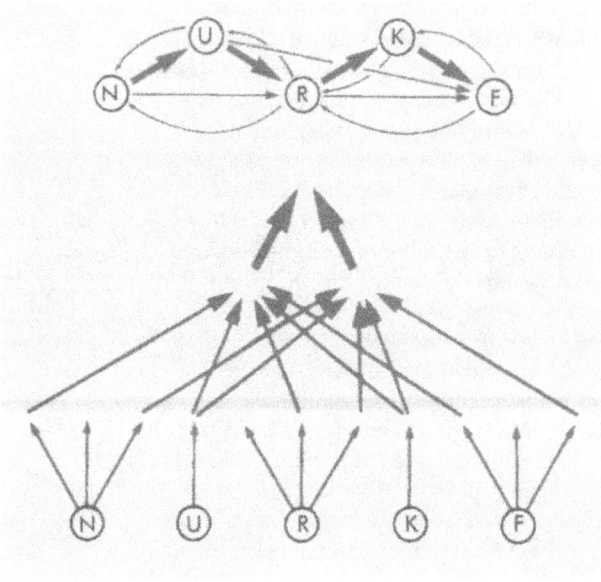

Theoretische Prozessmuster:
Oben: Linearer Ablauf von Entscheiden
Unten: Feldüberdeckender Entscheidungsprozess

eine der wichtigsten menschlichen Fähigkeiten in Bewegung setzen wird: die Fähigkeit zu lernen. Kein erster Schritt, keine Befassung mit irgendeinem Problem wird völlig ohne Einfluss auf den nächsten Schritt sein und kein zweiter Schritt ohne Rückwirkung auf den ersten. Man kann diese Einflussnahme verhindern; die Fächertrennung in der Schule ist da ein gutes Training für viele Abschottungsnotwendigkeiten des späteren Lebens. In der kreativen Arbeit hingegen, egal in welchem Beruf, ist dieser „kybernetische" Vorgang des Verknüpfens von Gedankenfeldern von vorrangiger Bedeutung. Daraus ergibt sich notgedrungenerweise eine Frage:

WIE BEGINNEN?
• Von den Anforderungen her – quasi funktionalistisch: Gemeint ist nicht der historische Begriff des Funktionalismus der zwanziger und dreissiger Jahre, vielmehr geht es bei diesem Ansatz darum, Mittel und Randbedingungen im Prozess erst zu aktivieren, wenn eine gründliche Kenntnis der Anforderungen, wenn also die Zielfunktion des „inneren" Systems erarbeitet, die Frage „de quoi s'agit'il" beantwortet ist. Das im Bauprogramm formulierte Lebensbedürfnis soll in seiner materiellen und ideellen Dimension erst restlos erkannt werden. Die Elemente zu ihrer Erfüllung, ihre Beziehung zueinander, die verschiedenen Interpretationsmöglichkeiten in punkto Teiligkeit und Vernetzbarkeit wollen durchdacht sein mit dem Ziel, den Programminhalt architektonisch bearbeitbar/gestaltbar zu machen. Nach dem linearen Entscheidungsmuster folgt nach diesem ersten ein weiterer Bearbeitungsschwerpunkt. Naheliegend ist etwa, dass für die Nutzungselemente entsprechende Räume in ihrer Grösse und Form und für die Beziehung zwischen diesen Elementen die entsprechenden Zirkulationselemente und Räume entwickelt werden. Dabei wird die Struktur des vorgehend entdeckten Nutzungssystems der Struktur des angestrebten Raumsystems entsprechen. Je nach dem Grad der Eingebundenheit der Aufgabe in Gegebenheiten der Umwelt wird auch die entsprechende minutiöse und umsichtige Befassung mit dem Ort einsetzen. Dieses Eingebundensein ist nicht bei jeder Aufgabe dasselbe, und es gehört zu den bedeutenden Entscheidungen, ob die Nutzung oder die Umwelt in

der Arbeitsfolge den Vortritt hat. Der auf diese Verräumlichung der Nutzungsansprüche in einer Umweltenveloppe folgende Schritt ist wahrscheinlich konstruktiv orientiert, während die durch Konstruktion erzeugten Formen gleichsam als Resultat dieses Prozesses anfallen. Die Korrektur dieses Formresultates wirkt als Rückkoppelung auf die vorangegangenen Schritte zurück. Bei einem feldüberdeckenden Prozess wird der Vorrang bei allen Entscheidungen immer den formulierten Anforderungen zufallen. Die gewählte vorwiegende Einflusszone wird die bewegende Kraft des Entwurfsvorgangs. Es ist evident, dass dieser von den Nutzungsanforderungen her verfolgte Lösungsweg bei betriebsorganisatorisch heiklen Aufgaben angezeigt ist, seien sie soziologisch, psychologisch, hygienisch oder ökonomisch motiviert. Ob betriebsorganisatorisch heikel oder nicht, stellt sich jedoch erst nach der Befassung mit dem Nutzungsprogramm heraus.

• Von den Umweltbedingungen her – Quasi environmentalistisch: Nach dem oben Gesagten muss klar sein, dass die Befassung mit den Umweltfaktoren mit hoher Priorität zu versehen ist. Unsere Aufgaben sind meist in schon bebautem Gebiet gestellt, oft in schon ordnungshaltigen, öfter noch in ordnungsbedürftigen Situationen. Selbst wenn nun die Motivation zum Bauen nicht der örtlichen Gegebenheit entspringt, sondern der Behausung einer Nutzung an diesem Ort, ist doch das Verhältnis zwischen Nutzung und Ort in den meisten unserer Fälle jenes zwischen nahezu gleichwertigen Partnern. In unseren zwei möglichen Entscheidungsansätzen wirkt sich der Einstieg von der Umwelt her ähnlich aus wie der Einstieg von der Nutzung her: dass man sich zuerst mit der einen Sache befasst, lässt einem sodann das Studium der andern Sache in einem andern Licht, mit andern Augen sehen; man hat ein Vorurteil im Hinblick auf das Verständnis der nachfolgenden Sache geschaffen. Die Nutzung läuft in diesem Fall Gefahr, als zweitrangig behandelt zu werden. So birgt jeder Ansatz von Einflusszonen her – weil man ja schliesslich irgendwo beginnen muss – die Gefahr oder den Vorteil, dass durch ihn Prioritäten gesetzt werde, und da das Setzen von Prioritäten zu den Kardinalentscheidungen ins besondere des Entwurfsprozesses gehört, wird deutlich, was die Frage: „Wie beginnen?" für ein Gewicht hat.

• Von der Bauauffassung her: Dass Peter Palumbo, der Londoner Finanzmann und Real Estate Tycoon, das Farnsworth Haus kaufte und von L. Mies von der Rohe auch noch das Bürohaus am Mansion Square in London entwerfen liess, hatte seinen Grund eingestandenermassen darin, dass dieser Bauherr eine grosse Affinität verspürte zu der Art und Weise, wie dieser Meister das Bauen begriff und was erwartungsgemäss aus dieser Bauauffassung an Resultaten zu erwarten sein werde[12]. Man pflegt bei der Diskussion solcher Zusammenhänge auch vom „persönlichen Stil" eines Architekten zu sprechen, und die Anziehungskraft gewisser Architekten auf gewisse Bauherrschaften durch diesen persönlichen Stil, wie auch die Karriere solcher persönlicher Stile wäre allein ein aufschlussreiches, wenn auch delikates Studiengebiet. Auffassungen von Bau haben die Eigenschaft, von gewissen Überzeugungen, Neigungen oder Schwächen des Architekten befallen zu sein. Das rührt daher, dass Bau vielseitig von unterschiedlichen Kräften beeinflusst wird, auf unterschiedliche Weise begriffen werden kann. Die durch Notwendigkeit oder persönliche Vorliebe begründete Priorisierung bestimmter Aspekte von Bau birgt die Gefahr, dass Nutzung und Umwelt dann so interpretiert, gedreht und gewendet werden, dass sie in die Bauauffassung des Architekten hineinpassen. Damit geht das wünschbare Gleichgewicht zwischen den Mitteln zur Erfüllung der Aufgabe – in unserer Modellsprache wäre dies das Gleichgewicht zwischen räumlichen, konstruktiven und formalen Argumenten – und Qualitäten verloren. Es entsteht eine Karikatur.

WOHER KANN DIE BAUAUFFASSUNG BESTIMMT SEIN?

• Vom Raum her bestimmt, denn man kann mit gutem Recht sagen, dass Raum das primäre Attribut von Bau ist, d.h. diejenige Eigenschaft von Bau, die ihn von der Maschine, vom Objekt unterscheidet. Es ist somit naheliegend, Raum unter den drei Grössen Raum, Konstruktion und Form, die wir eingangs als architekturkonstituierend isoliert haben, mit einer hohen Priorität zu versehen. Raum bedingt Konstruktion und diese erst bringt Form hervor. Raum ist es, den man bewohnt, in dem man arbeitet, sich versammelt, von dem es zuviel oder zuwenig hat. Er ist es auch, der beim Entwerfen sofort die physiologische, psychologische und soziale Dimension der Nutzung aufnimmt und durch sie thematisiert wird. Die Architekten der Moderne verstehen zu wollen, ohne deren „modernen" Umgang mit dem Raum in Betracht zu ziehen, geht unweigerlich neben der Sache vorbei[13]. Ein Bau von Frank Lloyd Wright, der Barcelona-Pavillon von L. Mies van der Rohe, die Architektur von Louis I. Kahn, Mario Botta oder Herman Herzberger sind ohne das Verständnis ihres räumlichen Aufbaus skurrile, bestenfalls gefällige Hüllen.

• Von der Konstruktion her bestimmt – Quasi konstruktivistisch, denn man kann mit gutem Recht sagen, Entwurf sei eitles Getue, wenn das, was entworfen, gezeichnet und modelliert wird, ausserhalb des Rahmens der ökonomisch erreichbaren, materiellen und technischen Möglichkeiten liegt. Es ist deshalb naheliegend, sich auf den Standpunkt zu stellen, der Entwurfsprozess solle damit beginnen, dass man ein konstruktives Operationsfeld definiert, ein gedankliches Gerüst aus konstruktiv bestimmten Maximen, oder eine operative Enveloppe aus konstruktiv bestimmten Randbedingungen. Damit definiert man einerseits den Bereich der formalen Ausdrucksmöglichkeiten und anderseits den Bereich der räumlichen Bewegungs- und Entwicklungsmöglichkeiten. Da konstruktive Belange quantifizierbar sind, pflegen konstruktive Konzepte eine gewisse Unumstösslichkeit vis-à-vis den „weicheren" Faktoren zu erlangen. Auf die Architekturgeschichte bezogen besteht wiederum das Faktum, dass das, was wir unter dem Stichwort Konstruktion zusammengefasst haben, ein wesentlicher Motor der Architekturentwicklung des 20. Jahrhunderts war. Das Konzept des Maison DOMINO (Le Corbusier 1914) – ein konstruktives, raumbildendes System – bezieht sich auf der Verwendung von Eisenbeton[14]. Die Bauten von J. Duiker, M. Stam, G. Oud sind vorwiegend konstruktiv bestimmt, und die Weissenhofsiedlung, 1927 in Stuttgart, als Demonstration des „Neuen Bauens"[15], war weitgehend ein bautechnisch-konstruktiv orientiertes Unterfangen. Die Lebenswerke von Wachsmann, Fuller, Prouvé oder Haller bewegen sich fast ausschliesslich auf dem Feld der Bautechnik und der Konstruktion. Bis hin zu den technoiden Gebilden von Piano, Rogers und Foster ist die konstruktive Variable nicht aus dem heutigen Architekturbegriff wegzudenken.[16]

• Von der Form her bestimmt: Quasi formalistisch, denn – wie immer wieder festgestellt – das Endresultat jeder entwerferischen Operation wird als Form sichtbar und wird auch meist und populärerweise vorwiegend von seiner Formgebung her beurteilt; jede Kombination von Räumen als zugleich Kombination von Volumen ergibt letztlich Gebäudeform, jede Konstruktion, weil sie Material und die Techniken seiner Bearbeitung impliziert, ergibt tektonisch bedingte Formattribute: Dimensionen, Richtungen, Materialwechsel, Farbe, Textur. Wieso versteht man nun Bau nicht einfach als Form, mit ihren konstruktiven Einschränkungen, versteht sich, und unter Wahrnehmung ihrer Raumhaltigkeit? Entwerfen besteht dann darin, Formsysteme innerhalb eines gewissen konstruktiven Spielraums so lange zu manipulieren, bis die gewünschten Räume entstanden sind. So lässt sich das Spätwerk von L. Mies van der Rohe vereinfacht charakterisieren. Die Postmoderne ist vollends ein schier schrankenloses Spiel mit den Versatzstücken aus der zum Flohmarkt erniedrigten Architekturgeschichte. Doch – Sarkasmus beiseite – Form ist ganz selbstverständlich eine mit Raum und Konstruktion gleichwertige Variable, die ihre Gesetzmässigkeiten einbringt, die von alters her vor allem durch Mass und Zahl gegeben sind. Was Form als einzigen Bestimmungsfaktor eines architektonischen Gebildes suspekt macht, ist der Umstand, dass sie eben sehr direkt mit ihren Nachbarvariablen verbunden ist. Ein Bau, der nur in perzeptioneller Hinsicht entworfen wird, läuft Gefahr, das Opfer von Reizformen zu werden und verliert dadurch seine innere Qualität. Hier wird die Auffassung vertreten, Form habe dazu zu dienen, konzeptionelle Inhalte sichtbar zu machen. Damit sind jene Ordnungen gemeint, die man im Dienst der Nutzung und des Einvernehmens mit der Umwelt mit den Mitteln der Raumorganisation und dem Einsatz konstruktiver Mittel in den Entwurf investiert hat. Jede Zeit entwickelt nun ganz bestimmte Vorlieben für bestimmte Komplexe von Formoperationen und Formerscheinungen. Es zeichnet den Architekten vor dem Dekorateur aus, dass er langwellig gültigen Formphänomenen, die in die Kategorie von Stil gehören, den Vorzug gibt vor jenen kurzwelligen, vielleicht faszinierenden Phänomenen, die in die Kategorie der Mode gehören und ihrer notorischen Kurzlebigkeit willen das Bauwerk leicht in einen Konsumartikel verwandeln können.

EINE PROFESSIONELLE BAUAUFFASSUNG
Die Bauauffassung, die ein Architekt mitbringt oder während der Arbeit entwickelt, entscheidet letztlich in welcher Weise und in welchem Mass er Programm und Umweltbedingungen in seinem Entwurf Anteil nehmen lässt. Es ist evident, dass bei einseitig vorgeprägten Bauauffassungen die Gefahr besteht, den Nutzern die Rolle von Statisten und der Umwelt die Rolle der Kulissen zuzuweisen, oder anders ausgedrückt, die Gefahr, dass der Bau um seiner selbst willen dasteht. Damit ist aber ausser dem Architekten niemandem ein Dienst erwiesen. Vom Architekten ist zu erwarten, dass er eine professionelle und leistungsfähige Auffassung von Bau hat, das ist sein Metier: er soll das Zusammenspiel von Raum, Konstruktion und Form aus dem Effeff verstehen, so dass er imstande ist, mit beherrschten Mitteln an seine Aufgabe heranzutreten und ein den gestellten Anforderungen entsprechendes, den Umweltbedingungen angemessenes, architektonisch hochwertiges, die wechselfälligen Strömungen der Mode überdauerndes Resultat zu erzeugen. So wie die Randbedingungen und die Programme mit jedem neuen Auftrag verschieden sein können, sollte auch die Bauauffassung, die ein Architekt mitbringt, flexibel sein. Flexibel in dem Sinn, dass sie imstande ist, zusammen mit den Gegebenheiten jeweils ein Gleichgewicht zu bilden. Sein persönlicher Stil würde dann darin bestehen, jede Aufgabe auf die ihrem Inhalt und ihrem Standort gemässe Weise zu begreifen und zu lösen.

STATIONEN DER ENTWURFSHANDLUNG
Bis hierher haben wir versucht, theoretische Aspekte des Entwurfsprozesses darzustellen. Wir haben den Gegenstand Architektur begrifflich erfasst und die fixierten Begriffe anschliessend in einen methodologischen Zusammenhang gebracht. Nun ist es an der Zeit, konkret zu werden und von der Entwurfshandlung zu sprechen, von den Fragen, die zu stellen, den Methoden, die anzuwenden sind, und von den Resultaten, die in den einzelnen Entwurfsphasen erwartet werden können. Es wird nützlich sein zu wiederholen, was unter dem Titel „Unser Modell als Prozessgrundlage" dargestellt wurde: Die folgenden 8 „Einheiten" sind nicht Elemente eines mechanisch ablaufenden Handlungsrituals, nach dessen Absolvieren unten – wie bei einem Automaten – die Resultate herausspringen. Sie sind nicht mehr als eine Serie von Orientierungshilfen und Handlungsanregungen für den Entwerfenden, die sich nach den vorgehend besprochenen Prozessmustern konstellieren können. Diese Muster werden entstehen durch das, was wir als „Mitgift" des Handelnden bezeichnet haben. Das einzig Verbindliche, was wir zu dieser Darstellung auszusagen haben, ist dies, dass, wenn nicht jedes der dargestellten „Handlungsfelder" abgeschritten und das, was man dabei gelernt hat, miteinander vernetzt worden ist, kein reifes Resultat entstehen wird. Routine mag den Prozess abkürzen, indem sich aus reicher Erfahrung heraus, durch den Rückgriff auf Lösungstypologien, durch „Vorurteile" oder durch Einschränkungen, die aus dem Kontext der Aufgabe vorhanden sind, gewisse Abklärungen erübrigen. Wir kennen in diesem Zusammenhang aus der Beobachtung der Werke grosser Architekten deren Umgang mit „vorfabrizierten" Konzepten. So sind z.B. auch die „5 points d'une architecture nouvelle", die Le Corbusier 1926 formulierte und 1933 für den Bau des Pavillon Suisse und anlässlich seines Vortrags in Barcelona ergänzte, Postulate, welche gleichsam „von aussen" in den Entwurf z.B. der Usine Duval in St. Dié eingebracht wurden.

Als erster Schritt von der Theorieebene zur Handlungsebne wird die bisherige statische Darstellung der Beziehung von Anforderungen, Bedingungen und Mitteln umzuwandeln sein in eine prozessuale Form. Die 5 „Dimensionen", die unsere Abhandlung bisher dominiert haben, treten nun in den Hintergrund bzw. lösen sich in einzelne, von ihnen bestimmte Handlungsfelder auf. Der Lösungsprozess wird dargestellt als eine Konstellation dieser „Handlungsfelder", die in einer vorstehend als „funktionalistisch" apostrophierten Weise miteinander in Beziehung gebracht sind. In der hier angenommenen Abfolge von „Problem analysieren" – „Lösung generieren" – „Lösung synthetisieren" und „Resultat antizipieren" ist die vom Architekten zu erbringende „Eigenleistung" als „Input" angefügt: Anforderungen und Bedingungen als Systeme begreifen – ihre räumliche Zusammenhängigkeit im Innern und nach aussen persönlich interpretieren – ein Materialisierungskonzept auf der „Makroebene" von Tragwerk/Rohbau und der „Mikroebene" von Gebäudehülle und Ausbau entwickeln – eine Bildvorstellung ableiten oder entwickeln aus den Formelementen, die den Inhalt repräsentieren.

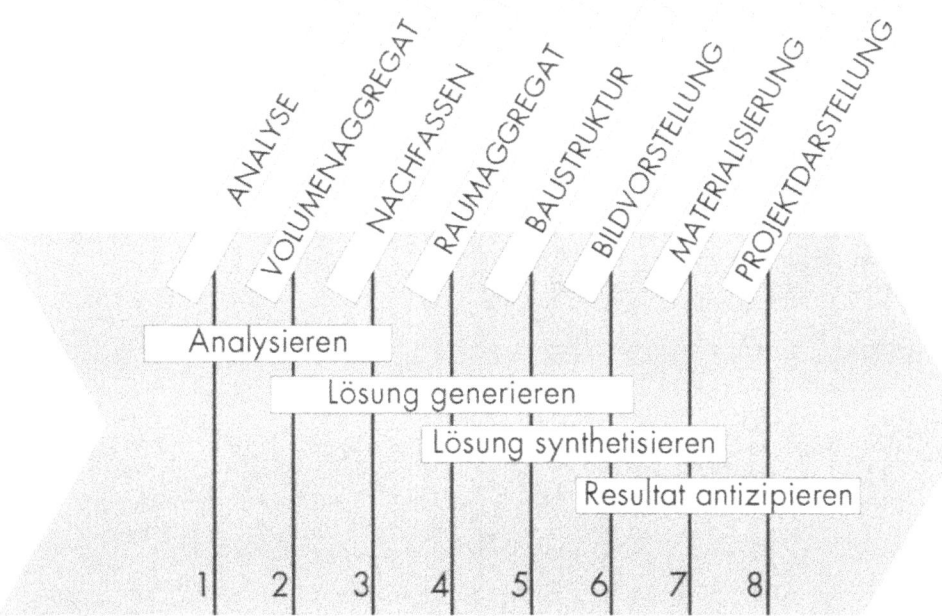

WERKZEUGE, HILFSMITTEL

Bis hierher wurde versucht, auf der Grundlage einer Modellvorstellung von der Sache Architektur mögliche Prozesswege beim Entwerfen zu skizzieren, deren Benützung entweder den Einstieg in den Entwurfsprozess erleichtern kann, oder deren Kenntnis dem Entwerfenden in der Hitze der Arbeit eine gewisse Orientierung in seinem Tun ermöglichen. Was man aber wirklich macht beim Entwerfen, darüber ist vorläufig noch nichts ausgesagt. Diese „Tätigkeiten beim Entwerfen" umfänglich und systematisch zu erfassen, ist nicht beabsichtigt, weil aus ihrer lehrbuchmässigen Behandlung kein Gewinn zu ziehen ist. Hingegen soll darauf hingewiesen werden, dass es solche Tätigkeitselemente gibt, und dass sie, ob man will oder nicht, an jedem über die Bildsprache „erfinderischen" Prozess beteiligt sind. Dem Kennenlernen, persönlich Handhaben und in ihrer Wirksamkeit Einschätzen lernen dieser Elemente ist die Entwurfslehre einer Architekturschule gewidmet. Der Übersichtlichkeit halber gliedern wir die Beispiele in 3 Gruppen: handwerkliche, bildnerische und gedankliche Hilfsmittel.

HANDWERKLICHE HILFSMITTEL

Die vordergründigste, materiell-werkzeughafteste Sorte der Tätigkeiten beim Entwerfen bezieht sich auf die Medien, die der Architekt benützt und auf deren sinnvollen und möglichst ergiebigen Einsatz. Wir verzichten auf die Aufzählung der materiellen Werkzeuge wie Bleistift, Reissschiene, Dreiecke, Zirkel etc. und ihren Einsatz, weil das Leonardo Benevolo in „Corso di disegno 1"[17] ausführlich und eingebettet in den allgemeinen Gesichtspunkt der „descrizione dell'ambiente" schon vorbildlich gemacht hat.

Darstellung: Darstellungstechnik spielt im Beruf des Architekten eine hervorragende Rolle. Man will, was man als nützliches und erlebnishaltiges Gebilde in eine bestehende Umwelt hineingedacht hat, mitteilen. Man will sich verständlich machen und man will verstanden werden. Die Darstellungsmittel des Architekten, die Medien in denen er sich ausdrückt, sind der Plan, das Modell, das Bild und der Beschrieb. Wir wollen nicht vergessen, dass die Art und Weise, mit der ein Architekt seine Resultate erläutert, das ganze Szenario einer Präsentation, eine sehr grosse Rolle bei der Überzeugungsarbeit vis-à-vis eines Empfängers spielen kann. Wir verfügen dazu auch über den Computer, der uns als Vorstellungsprothese die gedachte zukünftige Wirklichkeit simulieren hilft. Doch zu guter Letzt, wenn auch dieser Moderator abgetreten, die Show zu Ende ist, bleiben die vier genannten Medien zurück, nicht mehr, und sie sprechen dann für sich.

• Plan: Er entsteht aus der Projektion von Bildinformation auf eine horizontale oder vertikale Projektionsebene. Liegt diese ca. 1 m über einer Stockwerksplatte eines geplanten Bauwerks, spricht man von einem Grundriss, liegt sie vor einer Fassade, spricht man von einer Ansicht oder Fassade, schneidet sie in vertikaler Lage durch das Objekt, spricht man von Schnitt.

• Modell nennt man die dreidimensionale Darstellung von baulichen Zusammenhängen. Modelle werden puppenstubenähnlich und möglichst naturalistisch zur Veranschaulichung oder abstrahierend zur Darstellung besonderer Aspekte, wie z.B. die Volumenorganisation des geplanten Bauwerks im Verhältnis zu den bestehenden Bauten, oder zur Darstellung besonderer räumlicher oder tragwerkstechnischer Zusammenhänge oder anderer Teilaspekte ausgeführt.

• Bild: Das Bild kann ebenfalls entweder zur Veranschaulichung oder zur Heraushebung besonderer Aspekte dienen. So ist die perspektivische Zeichnung ein wichtiges Überzeugungsinstrument. Anders als die Zentralprojektion der Perspektive, welche sich der räumlichen Wirklichkeit annähern will, abstrahiert die Parallelprojektion der Axonometrie den darzustellenden Gegenstand oder Raumzusammenhang zum handlichen aber unwirklichen Objekt.

• Beschrieb: Er dient dazu, jene Information zu transportieren, welche nicht bildlich zu erfassen ist. Die vordergründigste Art von Beschrieb ist die Anschrift von Gebäudeteilen, Räumen und Stockwerken sowie die Vermassung und Kotierung. Zumal in Werkplänen sind sodann Materialangaben, Fabrikate und Typenbezeichnungen sowie Stücklisten und besondere Hinweise gebräuchlich. Als Grundlage für die Kostenermittlung, den Werkvertrag mit dem Unternehmer und die Kostenkontrolle dient die verbale

ARBEITSPHASEN (GEDANKENFELDER), DIE BEIM ENTWERFEN DURCHSCHRITTEN WERDEN

1 ANALYSE
Erfassen und Aufarbeiten der Gegebenheiten von Umwelt und Nutzung; typische Ordnungen suchen

Frage:
De quoi s'agit'il? Wieviel, von was, wozu, unter welchen Umständen ist verlangt? Welche Widerstände/Chancen bietet der Ort im engeren und weiteren Sinn betrachtet? Erzeugt es Raum/Form? Welche Relevanz bzw. Prioritäten bestehen? Welche Vorstellungen vom Leben, Wohnen, Arbeiten, Vorbeigehen an diesem Ort kann ich mir machen?

Methode:
Aufarbeiten der Gegebenheiten von Programm und Umwelt, intellektuell (zählen und messen) und emotionell (bildhaft). Gleichnamig machen von Information: visualisieren vom Verbalem, abstrahieren von Bildern, suchen nach typischen Eigenschaften und Ordnungen. Einführen des Systembegriffs: Unterscheiden von Element, Struktur, Kontext und Funktion.

Resultate:
- Aus der Nutzungsanalyse; Kenntnis der Problemstellung; Ansätze zu einer „Lebensvorstellung" an diesem Ort. Arten von Tätigkeiten, Möbel, Nutzlast, Medien, Energiebedarf. Mengen von Tätigkeiten, Nutzflächen, Nutzräume, ihre Teile und Gliederung. Beziehungen von Tätigkeiten, ihre Stärke, Dauer, Gleichzeitigkeit.
- Aus der Umweltanalyse; Handlungsenveloppe; Ansätze zu einer Stellungnahme zu was sich aufdrängt und was sich verbietet. Rechtliche Schranken und Möglichkeiten; Bauhöhe, Bauabstände, Ausnutzung. Klima und Topographie: Wind/Sonne, Regen, Terrainneigungen, Baugrund, Hydrologie, Flora, Fauna. Demographische, soziale, ökonomische Qualitäten und Quantitäten, kulturelle Umwelt

2 VOLUMENAGGREGAT
Temptative Anordnung von Nutzung in der Umweltenveloppe; Experimentieren, Ausprobieren

Frage:
Vom ganzen her gesehen, welche verschiedenen prinzipiellen und sinnvollen Möglichkeiten der Anordnung von „Tätigkeitsträger" in der gegebenen „Handlungsenveloppe" kann ich mir vorstellen?

Methode:
Was hier geschieht, ist Spielen und nach Regeln suchen für dieses Spiel. Probieren, zuerst ohne, dann mit Umwelteinschränkungen, Tätigkeitsträger z.B. in der Form von Volumen im verfügbaren Raum zu reihen, stapeln, zonieren, gruppieren, nach Massgabe verwandter Art, unter Einhaltung der verlangten Beziehungen und anderen aus der Analyse hervorgehenden Bedingungen. Nach einer persönlichen Interpretation der Aufgabe suchen.

Resultate:
- „Temptative Entwürfe" = Lösungsansätze in der Form von Modellskizzen, Axonometrien, Schemagrundrissen und Schnitten, welche Volumen/Raumdispositionen darstellen.
- Aussagen über vorne – hinten, links – rechts, oben – unten, Vorstellungen zu kompakt – teilig/gliederig, Reihe – Stapel, erschlossen – erschliessend.
- Schematischer Projektzustand, vorerst evtl. unmassstäblich, nach und nach durch zunehmende Einflussnahme der Bedingungen aus Nutzung und Umwelt maszstäblich werdend und die Umweltfaktoren einbeziehend, jedoch abstrakt bleibend; nicht sofort auf ein „bauliches" Resultat zielend.

5 BAUSTRUKTUR
Erzeugen eines Systems primärer raumbildender Teile und erschliessender Installationselemente

Frage:
- nach einem System der primär raumbildenden Teile, bestehend aus dem Tragwerk, möglicherweise aus dem Rohbau.
- nach einem System der notwendigen installatären Einrichtungen bestehend aus mindestens den Hauptleitungen.

Methode:
- Die erzeugte Raumanlage mit vorerst materiallos gedachten Mitteln (Decken-) Platten, (Wand-) Scheiben und Stützen darstellen. Spielregeln: Direktmöglichstes Ableiten der Lasten. Einhalten vernünftiger Spannweiten und Auflagerverhältnisse.
- Versuchsweise Materialisierungsvorstellungen entwickeln. Überdenken des Verhältnisses von tragenden und nichttragenden raumdefinierenden Teilen im Hinblick auf die funktionelle Obsoleszenz (Umbaufähigkeit).
- Die erzeugte Ordnung der Räume mit vorerst materiallos gedachten Ver- und Entsorgungssystemen versehen. Kritische Dimensionen, Gefälle und Vorschriften beachten. Überdenken der technischen Obsoleszenz.
- Diskussion mit Tragwerksingenieur, Haustechnikingenieur

Resultate:
- Lösungsansätze in Form von Modellen, Axonometrien, Schnitten, Grundrissen möglicher Tragsysteme/Rohbauten. Aussagen über: Tragen – Trennen, offen – geschlossen, gerichtet – ungerichtet.
- Darstellung möglicher Installationssysteme; Aussagen über: installiert – nicht installiert, nass – trocken, beheizt – unbeheizt, belüftet – unbelüftet.

6 BILDVORSTELLUNG
Organisieren der bildnerischen Elemente des architektonischen Ausdrucks

Frage:
nach äusseren und inneren Bildqualitäten, die sich aus den bisherigen Resultaten der Raumanordnung und der Bezugnahme zu den Umweltgegebenheiten ergeben.

Methode:
- Aufreissen eines Rasternetzes für die Erzeugung einer Bildvorstellung aus Fluchten, Achsen und Niveaulinien von Tragstruktur, Rohbau, Ordnungen der Bildelemente von Nachbarhäusern, von ergonomischen und bautechnischen Bedingungen.
- Das Rasternetz dient auch als Grundlage für die technische Bearbeitung der Materialisierungsphase. Suche nach bzw. Entwicklung von Formsystemen aufgrund von Mass und Zahl, voll – hohl, Licht und Schatten, Farbe und Textur.
- Zusammensehen von vorne & hinten, Kopf & Fuss, innen & aussen, Tag & Nacht

Resultate:
Aufsichts- und Untersichts-Axonometrien. Perspektivskizzen. Fassaden bzw. Innenraumabwicklungen und Schnitt-Entwürfe mit eingezeichneten Fluchten und Niveaus auf denen verschiedene Bildmöglichkeiten der Fassaden im Zusammenhang mit den Nachbarbauten, der Vorderfassade im Zusammenhang mit der Rückfassade, der Innenräume sowie der relevanten Gegebenheiten der Umwelt sichtbar gemacht werden. Es entsteht z.B. Proportion, Symmetrie, Tripartita, Serie, Rhythmus.

3 NACHFASSEN
Präziser fragen, persönliche Leitvorstellungen entwickeln; thematisieren; spezifische Ordnungen suchen

Frage:
nach den Dingen, die man erst beim Anordnungsversuch als fragwürdig erkannt hat; nach Unausgesprochenem; nach den kritischen, eventuell thematischen Implikationen der gestellten Aufgabe sowie nach einer persönlichen Stellungnahme dazu.

Methode:
Evaluation der verschiedenen Lösungsansätze aus der Phase Volumenaggregat. Verbindlichkeit der Gegebenheiten feststellen; persönliche Absichten und Leitvorstellungen formulieren, die sich aufgrund der Beobachtungen ergeben. Suche nach spezifischen Eigenschaften und Ordnungen, Themen. Feststellen, was das Ganze und was seine Teile betrifft. Entwickeln klarer Verhältnisse zwischen erschliessenden und erschlossenen Anlageteilen.

Resultate:
- Zunehmend verbindlichere und zugleich persönlichere Auffassung vom gestellten Problem und den gegebenen Möglichkeiten. Präzisere Fassung der Resultate der Aufbereitungsphase.
- Grössere Klarheit über die der Nutzung und der Umwelt immanenten Ordnungen, Hierarchien oder anderen Besonderheiten. Reduktion der Zahl von Lösungsmöglichkeiten.
- Eventuell stellen sich Metaphern ein, oder es finden sich fruchtbare Entsprechungen zu anderen Bauwerken mit ähnlicher Problematik, die auf ihre Relevanz und Übertragbarkeit geprüft werden müssen.

4 RAUMAGGREGAT
Räumlich Ordnung der Teilbereiche, Zonierung, Zirkulationssystem; Verhältnis Teil-Ganzes entwickeln

Frage:
- Von den Teilen her betrachtet: Wie möchten die einzelnen Nutzungen und Nutzungsgruppen für sich ausgestattet und disponiert sein, damit grösstmögliche Nützlichkeit und Erlebnishaltigkeit entsteht?
- Vom ganzen her betrachtet: Welche Beziehungen bestehen zwischen den Teilbereichen und welche architektonisch-räumlichen Qualitäten lassen sich aufgrund dieser Beziehungen erzeugen?

Methode:
- Sich genau räumlich vorstellen und massstäblich darstellen der Tätigkeiten und Nutzungsverhältnisse. Feststellen von Möblierungsfläche, Bedienungsfläche, Zirkulationsfläche (Treppe, Lift), Lichtführung, Installationen, Überlagerung von Tätigkeiten.
- Arbeit in Grundrissen, Schnitten und Axonometrien, evtl. Modellen aufgrund, in Weiterführung und in Korrektur des temptativen Entwurfs, nun aber nicht als Aggregat von Volumen gesehen, sondern als Aggregat von Räumen.

Resultate:
- Zunehmend verbindliche Vorstellung von Art und Zusammenhang der Nutz- und Bewegungsräume. Mit der zunehmenden verbindlichen Darstellung entwickelt sich auch eine Vorstellung von Art und Grad der Raumdefinition.
- Aussagen über: privat – halbprivat – öffentlich, Innenraum – Zwischenraum – Aussenraum, unbelichtet – belichtet: natürlich – künstlich, Bewegungsraum – Arbeitsraum – Wohnraum, Eingang – Durchgang – Umgang

7 MATERIALISIERUNG
Systematischer konstruktiver und formal bestimmter Einsatz von Material und Technik

Frage:
nach einer vernünftigen Wahl von Materialien und Techniken sowie nach deren Angemessenheit und ökonomischen und ökologischen Verantwortbarkeit für die vorliegende Aufgabe.

Methode:
- Aus getroffenen Entwurfsentscheidungen („Konstanten") sowie aus Einsichten und Wünschen, die beim Entwerfen entstanden sind („Variablen") werden ganzheitlich-architektonische Zielsetzungen entwickelt und nach bautechnischen Kriterien verwirklicht. Tragen und Stabilisieren (wer trägt wen, Befestigungsart, Zusatzbelastungen, Ermüdung). Trennen und Schützen (gegen was, wieviel, dämmen, isolieren; Bedienung; Personenschutz). Machen und Unterhalten (Herstellung, Montage, Unterhalt, Reparatur, Ersatz).
- Unsicherheiten werden mit Unternehmern und Spezialisten abgeklärt; Konflikte werden unter Einbezug der „Variablen" auf der ganzheitlich-architektonischen Ebene gelöst.
- In einer Rissphase werden alle Gegebenheiten zusammengetragen (siehe Bildvorstellung) und die Lösung der gestellten Probleme experimentell geprüft. Im Plan werden die gefundenen Lösungen verbindlich dargestellt.

Resultate:
Detailstudien mit verschiedenen Materialisierungsansätzen bilden die Grundlage für die formale Durcharbeitung und Systematisierung des architektonischen Ausdrucks in der nachfolgenden Phase der Projektdarstellung. Sie bilden die Ausgangslage für die Durcharbeitung des Projekts bis zur Ausführungsreife nach dessen Annahme durch den Auftraggeber und die Behörden.

8 PROJEKTDARSTELLUNG
Allgemeinverständliche und verbindliche Visualisierung des Projektmaterials

Frage:
nach der Horizontbreite mit der die Aufgabe erfasst wurde, nach der Eindringtiefe des Problemverständnisses, sowie nach Umfang und Präzision der Mitteilung, die diesem Stand der Arbeit entspricht. Frage nach dem Adressaten, seinem Sachverständnis und seinen Erwartungen.

Methode:
Konsistente Darstellung mit technischen Hilfsmitteln, die dem Bearbeitungsgrad in Auflösungsvermögen, Massstab und Verbindlichkeit entsprechend und für Dritte verständlich sind.

Resultate:
- Zur Darstellung eines ernstzunehmenden Vorprojektes (was in etwa einer üblichen Semesterarbeit von 8–12 Wochen entspricht).
- In der Regel ist das folgende Darstellungsniveau angemessen: Situationsplan mit Schatten, Belagstexturen, Bepflanzung zur Visualisierung der Beziehung zwischen projektiertem Bau und seiner Umgebung, soweit eine solche räumlich wirksam ist. Plansatz 1:100 oder 1:200, je nach Grösse und Bearbeitungsgrad, mit allen Grundrissen, Schnitten und Ansichten mit Kotenangabe, Geschnittenes stark, Ansichten dünn ausgezogen, mit Möblierung und Massfiguren zur Massstabsangabe.
- Baustrukturmodell zur Klarstellung von Tragstruktur oder Rohbau. Axonometrie zur Verdeutlichung des volumetrischen Aufbaus, Perspektiven zur Visualisierung räumlich wichtiger Partien. Analytische Darstellung zur Verdeutlichung des gedanklichen Inhalts.

Beschreibung der Leistungselemente, aus denen das Bauwerk besteht.

Zum Einsatz dieser Medien ist folgendes zu bedenken: Als Schöpfer eines architektonischen Gebildes hat man sich lange mit der Sache, die man mitteilen will, befasst. Man hat für sich allein, mit Kollegen und Sachbearbeitern daran gearbeitet. Sie ist einem bestens vertraut. Der Empfänger hingegen sieht sie zum ersten Mal, oder er sieht sie erstmals in diesem Zustand der Bearbeitung. Es gilt also, mit der gewählten Darstellung eine Informationslücke von mehr oder weniger grosser Breite zu überbrücken. Das ist unabhängig davon, ob es um eine Mitteilung z.B. im Falle einer Baueingabe, um die Befehlsübermittlung durch einen Werkplan oder ob es, wie im Falle einer Diskussionsgrundlage mit der Bauherrschaft oder eines Wettbewerbsplanes, darum geht, den Betrachter zu überzeugen, ihn auf die besonderen architektonischen Qualitäten des Projektes aufmerksam zu machen.

Nicht nur aus dem Verhältnis von Sender und Empfänger ergeben sich Anforderungen an das Medium, auch der Inhalt der Botschaft stellt Ansprüche. Er kann einfach sein, von geringem Umfang, geringer Komplexität und von allgemein vertrauter Art. Er kann aber – und architektonische Sachverhalte von einem gewissen Qualitätsniveau an neigen dazu – auch komplexer sein. Die räumliche Organisation kann z.B. mehr sein als die Addition gleicher Stockwerke, ihr konstruktiver Aufbau kann sich in besonderer Weise daran beteiligen, Form und Inhalt können in besonderer Art aufeinander bezogen sein.

Die Abfassung einer architektonischen Botschaft hat demnach davon auszugehen, wem, über was, wieviel und wie verbindlich Auskunft gegeben werden soll. Sie kann skizzenhaft-unverbindlich erfolgen, unmassstäblich, immateriell. In dieser Art macht man beim Entwerfen die Gedanken sichtbar – man denkt durch die Verwendung von Plan, Bild und Modell in dieser annähernden Weise. Unter Eingeweihten wird man so auch kommunizieren können. Genauer, verbindlicher, doch immer noch offen für Änderungen und für das Einfliessen neuer Information, arbeitet man in massstäblicher Form, ähnlich wie beim Fotografieren, kann man hier mit den Begriffen des Auflösungsvermögens und der Brennweite operieren, um jenen Vorgang zu beschreiben, bei dem man von der Betrachtung grosser, pauschaler, übersichtiger „Weitwinkel" Zusammenhänge auf die „Nahaufnahme" „einzoomt". So kommt auch jedem Massstab ein bestimmtes Auflösungsvermögen zu:

- 1:500 ist schlecht geeignet, mehr als volumetrische Grobzusammenhänge, grossmassstäbliche Vorgänge in den Zwischenräumen zwischen Baukörpern, Schemainformation im Grundriss, Schnitt und Ansicht aufzunehmen.

- 1:200 ist der Projektmassstab, der organisatorisch und räumliche Plan- und Bildinformation trägt. Er ist gut geeignet, grosse volumetrische und räumliche Zusammenhänge überblickbar zu machen. Für die Aufnahme von mehr konstruktiver Information als vielleicht der Unterscheidung zwischen verschiedenen Baustrukturen ist er schlecht geeignet.

- 1:100 gilt allgemein als geeigneter Projektierungsmassstab. Er ist sodann bereit, die verbindliche Information über ein ausgearbeitetes Bauprojekt soweit aufzunehmen, als es für die meisten Baueingaben an die Gemeindebehörden, Eingaben an Banken und vor allem für die Projektdarstellung zuhanden der Bauherrschaft nötig ist: genaue Raum- und Volumenmasse, Konstruktionsstärken zur Differenzierung der tragenden und nichttragenden Teile, Öffnungsgrösse und Öffnungsart. Sowohl 1:200 wie 1:100 tragen die Möblierung, jedoch in verschiedenem Abstraktions- und Vollständigkeitsgrad; 1:100 nimmt dagegen noch die Differenzierung von Bodenbelägen und Niveaus auf. Für die Verwendung als amtliches Dokument (z.B. Baueingabe) ist die Information auf die Verwendung gewisser Symbole (Fenster, Türen, Treppen) angewiesen, die allgemein verständlich sind.

- 1:50 ist der Massstab des klassischen Werkplans: Er ist klein genug, um noch Übersicht über grössere räumliche Zusammenhänge zu vermitteln; gleichzeitig lassen sich Detailzusammenhänge etwa des Rohbaus mit genügender Präzision „auflösen", um in einer Lichtpause noch deutlich gelesen zu werden. Das Element der Übersichtlichkeit gibt dem 1:50 die Rolle des Koordinationsplanes vor allem in masstechnischer Hinsicht, er ist unbestritten der Schlüsselplan zu allen Dimensionen, die auf der Baustelle wichtig sind. Durch diese Eigenschaft regiert er auch alle Versetz- und Anschlagvorgänge von Installations- und Ausbauteilen: Türen, Fenster, Schränke, Apparate. Die Rolle als „master plan" prädestiniert den „Fünfzigstel" auch als Unterlage für die Koordination von Tragwerk und Haustechnik. Diese Rolle verpflichtet zur Einhaltung von gewissen Darstellungs-Standards. Ein graphisch gut gezeichneter 1:50, weil er relativ „naturgetreu" ist, hilft jedoch auch vielen Leuten, die nicht Pläne lesen können, über die Abstraktionsschwelle hinweg, welche der Nachteil der kleinmassstäblichen Pläne ist.

- 1:20, 1:10, 1:5, 1:1 sind Detailplan-Massstäbe, die je nach Objektgrösse, Objektart und je nach den Gepflogenheiten der Region und des einzelnen Architektenbüros eingesetzt werden. Bei einem kleinen Objekt kann ein Satz „Zanzigstel" den „Fünfzigstel" ersetzen (auch der $33^{1/3}$ tritt da und dort in diese Rolle, er ist besonders für Modelle geeignet). Vom 1:20 kann man sagen, er bringe gegenüber dem gut gezeichneten 1:50 nicht wesentlich mehr Information, so dass der 1:10 oder ein kleinerer Massstab angebracht sei. In der Regel bleibt es aber hierzulande bei 1:20 aus Platzgründen und wenn eine bessere Auflösung nötig ist, dann schaltet man auf 1:5 oder 1:1 (1:2 ist aus Täuschungsgründen nicht beliebt). 1:20 bis 1:5 – Ausschnitte werden mit Vorteil als Marginalien übersichtlich auf dem 1:50 untergebracht, um auf dem Bau grösstmögliche Handlichkeit und Präsenz der Information zu erzeugen.

Die Komplementarität der Medien: "Ein Plan ist so gut wie kein Plan", so pflegte Frank Lloyd Wright sogenannte „Whologramme" zu zeichnen, massstäbliche Pläne, auf denen oft mehrere Geschosse desselben Hauses übereinander im Grundriss und mehrere Schnitte ineinander, stets aber Grundriss, Längs- und Querschnitt auf demselben Blatt gezeichnet waren. Diese anspruchsvollen Blätter galten der vollständigen Erfassung aller räumlichen und konstruktiven Zusammenhänge. Handlicher ist es, jede Projektion auf ein eigenes Transparentpapier zu zeichnen. Die Maxime lautet aber: Zum Grundriss gehört der Schnitt, zu den Plänen gehört das Modell, zur Gesamtdarstellung gehört die Darstellung der Teile. Die Medien sollen nicht

„entweder – oder" eingesetzt werden, sondern „sowohl – als auch", zur gegenseitigen Unterstützung, indem immer das eine Medium Gedanken hervorruft (oder transportiert), die das andere Medium nicht zulässt.

- Riss-Plan: Es ist nützlich, zu unterscheiden zwischen Riss, der Formulierung des Problems, dem Ausprobieren und Experimentieren, und dem Plan, dem verbindlichen Festhalten einer Lösung. In der Rissphase hat man es mit Konstanten und Variablen zu tun: Konstant sind die unumstösslichen Gegebenheiten, Randbedingungen, Setzungen; variabel ist das, was man in dieser Enveloppe von Grenzen und Fluchten oder an diesem Skelett von Achsen und Koten recherchiert. Einem Plan ohne vorangegangenem Riss ist nicht zu trauen.

- Plansatz: Ein anspruchsvoller, langwieriger Prozess ist verwirrlich. Der Entwerfer ist auf Orientierungshilfen angewiesen. Dazu gehört ein Inventar des Erreichten. Anders ausgedrückt: Führen Sie ein Hauptbuch, einen Plansatz in einem der Grösse der Aufgabe angepassten Massstab. In diesem Plansatz fassen Sie den letzte Stand der gedanklichen Resultate zusammen. Datieren Sie Skizzen und Notizen und heben Sie sie auf, damit Sie darauf zurückgreifen können, wenn sich ein Arbeitsfortschritt als Irrweg herausgestellt hat. Änderungen – und wer bildet sich schon ein, ohne Änderungen auszukommen – sind ein grosser Arbeitsaufwand beim gezeichneten Plan. Die Arbeit mit CAD, vor allem im Werkplan-Stadium, ist da eine grosse Erleichterung, indem das Durchfragen durch alle Pläne von Neuerungen und Änderungen dem Apparat übertragen werden kann.

- Die zwei „Aggregatzustände" von Plan und Modell: Bis hier wurde von der Zeichnung als einem Medium, einem Zwischenträger von Information, gesprochen. Nun macht uns der Mathematiker und Sprachwissenschaftler Ludwig Wittgenstein auf einen Sachverhalt aufmerksam, dem wir als Entwerfer Beachtung schenken müssen. Er sagt: „Die Grenzen Deiner Sprache sind die Grenzen Deiner Welt." – Wir verstehen das so, dass das, was wir in unserer Sprache nicht zu formulieren vermögen, nicht existieren kann, nicht zur Existenz gebracht werden kann, und da unsere Architektensprache die Zeichnung ist, kann das bedeuten, dass was wir nicht zeichnen können, nicht existieren kann, auch nicht in unserer Vorstellung – es ist nur ein Traum, ungreifbar. Tatsächlich lehrt die Erfahrung des zeichnenden Architekten, dass Skizzen, Risse und Studienmodelle die Werkzeuge sind, mit deren Hilfe man beim Entwerfen Gedanken erzeugt. Entwerfen ist das Verfertigen von Gedanken durch das Skizzieren und Modellieren[18], d.h., man weiss erst, was man denkt, wenn man es zeichnet oder modelliert.

Leistungsfähigkeit der Medien: Jedes der Medien, mit denen der Architekt arbeitet, ist imstande, ganz bestimmte Informationen zu tragen, wie wir gesehen haben, nicht mehr; es ist wichtig, sich die relativ beschränkte Leistungsfähigkeit eines Planes oder eines Modells stets vor Augen zu halten; wie gerne „vergafft" man sich doch in seinen „Hundertstel" oder seine „Puppenstube", ohne gedanklich einen Schritt weiterzukommen. Nach der Bearbeitung bestimmter Probleme mit dem dafür geeigneten Medium ist dieses erschöpft, und man muss ein nächstes Medium zuziehen, um weiterdenken zu können (siehe „Komplementarität"). Die Erschöpfung von Medien gilt insbesondere für den gewählten Massstab. Man kann nicht alles im Mst. 1:100 entwerfen. Dem sukzessiven gedanklichen Eindringen bei der Arbeit entspricht es, dass man den Massstab ändert. Jeder Massstab impliziert ein gewisses gedankliches Auflösungsvermögen. Man muss grössere oder kleinere Massstäbe wählen, entweder um Einzelheiten oder grössere Zusammenhänge besser erfassen zu können. Je grösser der Massstab (1:20; 1:10), desto mehr komplexe Information (Türe, Fenster, Wohnraum, Küche, Haus, Strasse) trägt er, desto geringer ist die gedankliche Auflösung, desto pauschaler die Aussage.

BILDNERISCHE HILFSMITTEL

Vom Unbekannten zum Bekannten: Entwerfen ist das Übersetzen oder Verwandeln von Worten und Zahlen, mit denen in der Regel die Anforderungen der Nutzungsseite formuliert sind, in ein räumliches Gebilde, welches diesen Anforderungen entspricht und welches gleichzeitig den Bedingungen einer Umwelt, einem Komplex von oft sinnverwirrender Wirklichkeit zu genügen hat. Anders ausgedrückt: Zwischen der konkret vorhandenen Umwelt und dem Programm von etwas noch Unbekanntem findet mit Hilfe der Medien Raum, Konstruktion und Form der Entwurfsprozess statt. Methodologisch betrachtet handelt es sich vorerst um ein Problem der Ungleichnamigkeit der zu bewältigenden Information. Das Programm ist verbal, die Umwelt real, das Projekt aber, Resultat des Entwurfsprozesses, ist ein Plan. Was entwerferisch gehandhabt werden soll, muss beziehungsfähig sein. Worte und Zahlen einerseits und Raumeindrücke, Farben, Formen, Gerüche anderseits sind inkommensurabel und müssen im Hinblick auf die planimetrische Repräsentation einer neuen, erst noch zu entwerfenden Realität erst beziehungsfähig gemacht werden. Es geht somit darum, einen Zustand der vorhandenen Information zu erzeugen, der für Programm, Umwelt und die zur Realisierung einer Lösung nötigen Mittel gleichermassen tauglich ist. In der Architektur bedient man sich dazu der Bilder. „Wir brauchen Bilder um einen Ort zu sehen, um sein Potential an gestalterischen Erscheinungsformen durch stets sich verwandelnde Standorte und Betrachtungsweisen auszuschöpfen." In Analogie zu dieser Aussage von Peter Jenny[19], die sich auf das Erfassen der Umweltgegebenheiten und Bedingungen bezieht, kann man über das Erfassen und in seinen räumlichen Zustand Versetzen der Nutzungsanforderungen sagen: „Wir brauchen Bilder, um Objekte zu erzeugen, um das Potential der gestalterischen Möglichkeiten (die im Programm liegen) durch stets neue (gedankliche) Standorte und (methodische) Betrachtungsweisen auszuschöpfen." Was sind das für Bilder, die hier in dieser werkzeughaften Rolle als Gleichnamig-Macher dargestellt werden. Im ersten Ansatz sind es sicher einmal die Bilder, die man beim Betrachten des „Ortes" zeichnet. Es ist die persönliche Beobachtung, die dazu nötig ist, die Aufschlüsselung des kompakten Informationskomplexes, der einem umgibt in seine geometrische Bestandteile zu abstrahieren. Situationspläne des „Ortes" werden mit Vorteil derart schematisierend bearbeitet, inbegriffen Dinge wie Besonnung, Baulinien, Grenzabstände, Geschehensdichte und Art, Lärm, Grün, kurz, was immer sich aus der persönlichen Beobachtung der verfügbaren Information ergibt. Es ist offensichtlich, dass in diesen Betrachtungen und Analysen ein gutes Mass an Interpretation durch den Betrachter geschieht. Diesen „Lokalterminen" kommt also schon eine beachtliche Bedeutung im Hinblick auf den Entwurfsvorgang zu, der sich ja auf diese Beobachtungen bezieht. Auch die Nutzungsanforderung, der zukünftige Inhalt des Ortes, lässt sich verbildlichen: Die geforderten Quantitäten können als Auslegeordnung (Layout) von Flächen dargestellt werden. Die geforderten Beziehungen zwischen den programmierten Tätigkeiten lassen sich als Diagramme sichtbar machen, deren Gesamtbeziehungsnetz wir Nutzungs-System-Diagramm (NSD, im angelsächsischen Sprachgebiet: bubblediagram) nennen können[4]. Auch dieser ersten Verständnisbildung in bezug auf den Inhalt der Aufgabe kommt der Status erster Entwurfsschritte zu. Ein NSD wird sodann unter dem Einfluss von Faktoren, die im Layout gespeichert sind, in Richtung auf einen Plan entwickelt, Faktoren der Umwelt, wie Besonnung, Lärm, Aussicht, baugesetzliche Beschränkungen, vor allem die „Verräumlichung" des Beziehungsnetzes (NSD) in ein Erschliessungsraumsystem, steuern diesen Entwicklungsprozess. Noch ist nur andeutungsweise die Rede von Entwerfen, noch fehlen Konstruktion und Form in der Skizze, aber es ist leicht zu erkennen, dass auf der gedanklichen Verbindungslinie zwischen Wort und Wirklichkeit in der Architektur Bilder in der Art von Schemata und Plänen Medien der Verbindung darstellen.

Numerische Gesetzmässigkeiten: Dass die Abbildnatur der Zeichnung und ihre Rolle als Übersetzungsinstrument im Vordergrund stehen, kann nicht verhindern, dass sich die Zeichnung immer wieder selbständig macht. So werden Masse und Zahlen, die in einer Zeichnung vorhanden sind, unabhängig von ihrer eigentlichen Rolle als Repräsentant einer baulichen Wirklichkeit, bis zu einem gewissen Grad autonomer Bildinhalt. Zahlen, vor allem Zahlenverhältnisse, waren stets auch Bedeutungsträger, vor allem als eine Brücke zum Verständnis des Kosmos[20], von den Planetenbahnen über die Kristalle bis zu den Pflanzen. Zahlen wurden aber stets auch sinnlich begriffen. Das lässt sich leicht anhand einer Saite eines Saiteninstruments darstellen (Monochord). Ihre Länge mit 1 gesetzt, ergibt halbiert eine Oktave, im Verhältnis 2:3 geteilt, eine Quinte, im Verhältnis 3:4 geteilt, eine Quarte etc. Auch lassen sich die genaue Quint oder Quart, kleine und grosse Sext oder Septime oder Sekund akustisch präziser bestimmen als optisch[21]. Zahlen und ihre Verhältnisse waren stets schwer beladen mit Bedeutungen, was sich im pythagoreischen Satz „alles ist Zahl" und in der platonischen Gleichsetzung von Idee und Zahl äussert[22]. Besonders das christliche Mittelalter befasste sich mit der Zahlendeutung. So bedeutete die 3-Zahl der Quint Dynamik und Erlösung, sie stand für das Prinzip der Freiheit und des Göttlichen, während die 4 der Quart für Einschränkung, Hemmung und Gebundensein stand und als die Zahl der geschaffenen Welt galt (4 Jahreszeiten, 4 Himmelsrichtungen, 4 Kreuzarme als Erlösungszeichen). Die mystische Durchdringung von 3 und 4 verweist dann auf den Auftrag der 12 Apostel, den Glauben an die Dreieinigkeit auf der ganzen Welt zu verbreiten. Die 7, Zahl der Ruhe am 7. Tag nach der Schöpfung, finden wir z.B. in der siebenteiligen Pfeilerarkade mit den Sarkophagen bedeutender Personen am Tempio Maletestiano von L. B. Alberti. Die 8, Sinnbild der geistigen Wiedergeburt, findet ihre Entsprechung in den achteckigen Baptisterien, und so geht es weiter bis zur 40 Schritt messenden Seitenlänge mancher Klosterkreuzgänge, die an die 40 Jahre und 40 Tage erinnern, die auf den Aufenthalt und die Rückkehr des Volkes Israel von Ägypten verweisen. Mit der Emanzipation der Wissenschaft aus den religiösen Bindungen verschwand auch die Bindung der Zahlenverhältnisse an ihre ehemaligen Bedeutungswurzeln. Was übrig blieb, war ihre ästhetisch orientierte Komponente. Oft wird das Auftauchen des irrationalen Zahlenverhältnisses 0.618:1.618 (Goldener Schnitt) mit dieser Veränderung in Beziehung gebracht (ca. 1480 durch Lucio Bacioli); übrig geblieben sind Zahlenoperationen, die im Folgenden kurz zusammengefasst sind.

Gesetzmässige Beziehung zwischen Grössen, speziell Strecken: Mit Proportionen/Reihen kann eine umfassende mathematische Beziehung zwischen allen Teilen eines Streckenskeletts angestrebt werden, was im realen Raum jedoch kaum möglich ist, da mathematisch die Ordnung von Grössen und die Ordnung von Formen auf verschiedenartigen Gesetzmässigkeiten beruhen (optische Täuschung, Schattenwirkung, perspektivische Verkürzung). Proportionen eignen sich als Gesetzmässigkeiten von verwandten Grössen.

- arithmetische Proportion A-B = C-C
- geometrische Proportion A/B = C/D
- stetige arithmetische und geometrische Proportionen A-B = B-C, A/B = B/C
- harmonische Proportionen A/C = B-A/C-B

- arithmetische Reihen mit der mathematischen Form 2, 3, 4 ...). Ab drei aufeinanderfolgenden Gliedern spricht man von einer stetigen arithmetischen Proportion.

- geometrische Reihen mit der mathematischen Form a, aq, aq, aq ... (z.B. a = 1, q = 2:1, 2, 4, 8 ...). Immer drei aufeinanderfolgende Glieder bilden eine stetige geometrische Proportion. Als praktische Beispiele einer „progression geometrique": Le Corbusiers Modulor, beruhend auf zwei geometrischen Reihen, 27, 43, 70, 113, 183 ... und 86, 140, 226 ... (Verhältnis des goldenen Schnittes). Auch die Fibonacci Reihe 2, 3, 5, 8, 13, 21 ... und 1, 3, 4, 7, 11, 18, 29 ... mit zunehmender Annäherung an den Goldenen Schnitt.

Formale Gesetzmässigkeiten: Gesetzmässige Beziehung zwischen Formen (Formverwandtschaften):

- Symmetrien. Symmetrie als Proportionsgesetz: „Symmetria" ... ist der sich aus den Gliedern des Bauwerks selbst ergebende Einklang und die auf einem berechneten Teil (modulus[23]) beruhende Wechselbeziehung der einzelnen Teile für sich gesondert zur Gestalt des Bauwerks als Ganzem ... (Vitruv, 2. Kapitel, 1. Buch). Symmetrie als Gleichheitsbeziehung: Bezug zwischen den rechten und linken, den oberen und unteren, den vorderen und hinteren Teilen in Hinsicht auf Grösse, Figur, Höhe, Farbe, Zahl, Lage und generell auf alles, was die genannten Teile einander ähnlich machen kann. (Claude Perrault, 17. Jh.). Mathematischer Symmetriebegriff: Wird eine beliebig definierte Figur, die Grundfigur, auf gesetzmässige Weise abgebildet, so bilden die Grundfigur und ihr Abbild (oder ihre Abbilder) eine Symmetrie. Die Formen von Grundfigur und Abbild sind verwandt. Identität: Grundfigur und Abbild sind identisch; Rotation: Veränderung der Lage der Grundfigur; Bilateral-Symmetrie: Spiegelung der Grundfigur an einer Achse oder Ebene; Ähnlichkeit: Veränderung der Grösse, nicht aber Form und Lage der Grundfigur; Verzerrung: z.B. schiefe Projektion, Spiegelung an einem Kreis etc.

- Assemblage: Vorgefundenes Material wird ohne grosse Veränderung so montiert, dass eine neue Ganzheit entsteht.

- Collage: Vorgefundenes Material wird unter Zerstörung/ Verfremdung geklebt sowie durch gemalte oder gezeichnete Elemente zu einer neuen Ordnung ergänzt (vergleiche die Collage-Technik von Braque, Picasso, Gris u.a. wie auch die Aussagen von B. Hoesli zur Verwendung der Collage als Entwurfstechnik.[24]

- Figur-Grund: Zwei komplementäre Systeme, die je Qualität (vor allem Formqualität) aufweisen. Objektive Kriterien dafür sind: Reichhaltigkeit der Struktur, Ordnungsgrad und Informationsinhalt. Die Figur-Grundoperation kommt in Projektionen zur Anwendung (Grundriss, Aufriss); ebenso als Verhältnis voll – hohl, z.B. Baukörper zu Aussenraum.[25]

- Gestalt: Besondere, deutlich unterscheidbare Kombination von sogenannten Wahrnehmungselementen. (Wahrnehmungselemente sind die kleinsten Wahrnehmungseinheiten, die voneinander unterschieden werden können.) Gestalt ist die Menge und die Struktur dieser Elemente.[26]

- Komposition: Zusammenstellung, -setzung aus Einzelteilen, die auf das Zusammenstellen/-setzen hin entwickelt worden sind.

- Traces Regulateurs: „Le trace regulateur est un moyen geometrique qui permet d'apporter a une composition plastique (architecturale, picturale ou sculpturale), une precision tres grande dans le proportionnement."[27] Es geht somit darum, die Elemente einer Komposition untereinander und mit ihrer Umgebung in eine kontrollierte Beziehung zu bringen. Im Fall einer Fläche (Plan, Schnitt, Fassade) wird z.B. danach getrachtet, dass die Diagonalen der Teilflächen parallel oder senkrecht zueinander zu stehen kommen, wodurch gleiche Seitenverhältnisse entstehen.

- Transparenz: Im übertragenen Wortsinn: geometrisiertes Bezugssystem in der Bildorganisation der kubistischen Malerei – auf Architektur übertragen: Transparenz entsteht immer dort, wo es im Raum oder in der Ansicht Stellen gibt, die zwei oder mehreren Bezugssystemen zugeordnet werden können. Die Wirklichkeit des tiefen Raumes wird fortwährend in Gegensatz zu Andeutungen eines untiefen Raumes (Raumschichten) gebracht. Das wird an jeder Stelle im Raum spürbar[28].

Gedankliche Hilfsmittel: Alle vorgenannten Tätigkeiten sind Folgen von Gedankengängen oder lösen Gedankengänge aus: Schaltungen, die man beim „Hirnen", Suchen, Raten, „Werweissen" mehr oder weniger bewusst vornimmt. Von dieser Fülle von Hirnfunktionen führen wir nur exemplarisch und – soweit möglich – mit Beispielen versehen einige an (in alphabetische Reihenfolge).

- Abstraktion: Verfahren zur Gewinnung von Begriffen, idealen Gegenständen usw., wie auch das Resultat dieses Verfahrens. Die generalisierende Abstraktion sondert die unwesentlichen Eigenschaften der Dinge, Relationen usw. aus und hebt die wesentlichen hervor. Die isolierende Abstraktion löst bestimmte Eigenschaften, Relationen aus ihrem Zusammenhang und verleiht ihnen selbständige Existenz. Die idealisierende Abstraktion schafft begriffliche Modelle der wirklichen Gegenstände, Eigenschaften, Beziehungen. Vor allem zu Beginn des Entwurfsprozesses kann nicht die ganze Komplexität der Anforderungen und Randbedingungen bewältigt werden. Abstraktion in der einen oder anderen Weise macht die Gegebenheiten handhabbar. Im Verlauf des Prozesses muss allerdings die Abstraktion wieder rückgängig gemacht werden: Baustruktur ist eine Abstraktion der Realität mit dem Zweck der Raumbildung. Abstrahiert von ihren Baustoffen werden Platten, Scheiben und Stützen von primären Trag- oder Rohbausystemen und nichttragenden Ausbausystemen entwerferisch manipuliert. Sie werden in der Materialisierungsphase in Baustoffe übersetzt.

- Analogie und Metapher. Vielleicht ist es nützlich, sich vorzustellen, dass eine aufsteigende Linie bestehe, auf der die verschiedenen Zustände des architektonischen Artefakts angeordnet sind: gebautes Objekt, Plan, Schema und Worte bzw. Zahl in zunehmender Abstraktion. Es fällt auf, dass im Bereich von Schema-Wort-Zahl ein Umschlag vom Verbalen in den optischen „Aggregat-Zustand" der Information stattfindet. Es ist nun interessant festzustellen, dass auch ausserhalb der Architektur an solchen Umschlagstellen von Abstraktem zu Konkretem, von Ahnung zu konkreter Vorstellung Metaphern und Analogien eine erstaunliche katalytische Rolle spielen können. In „Metaphore et Invention" stellt J. E. Schlanger[29] fest, wie das „Aussteigen" aus dem eigenen Fachgebiet und das Beiziehen von Bildern aus fremden Bereichen Denkbrücken bauen kann, die zur Erfindung führen. Es entsteht eine zur eigenen Wirklichkeit analoge Wirklichkeit „in der" man oder „als die" man die eigene Sache stellvertretend zu sehen lernt. Metaphern und Analogien stellen auch ein interessantes Kommunikationsmittel dar, mit dem man in einer Frühphase des Entwerfens bzw. Erfindens in stimulierender Weise Mitarbeiter eigener oder fremder Fachzugehörigkeit in den Prozess einbeziehen kann. Sodann können Metaphern, sofern sie nicht einfach oberflächliche Einfälle, sondern reflektierte tiefgründige Bilder sind, eine Art von kursversichernden Kiel für die gedankliche Fahrt durch den Entwurfsprozess darstellen.

- Deduktion: Ableiten des Besonderen und Einzelnen vom Allgemeinen. Ableiten von Aussagen aus anderen nach dem Muster: wenn, ... dann ... Vom Konzept kann ein Teilbereich, von der Gesamtform eine Einzelform abgeleitet werden. Von der Baustruktur und den von der Nutzung suggerierten Stützenabständen eines Skeletts kann auf Backsteinpfeiler, Beton oder Stahl geschlossen werden.

- Im Gegensatz zur Induktion: Vom besonderen Einzelfall auf das Allgemeine/ Gesetzmässige schliessen. Vom Teilbereich kann auf die ganze Anlage, vom Material auf die Gesamtform oder Baustruktur geschlossen werden.

- Idee: Der dem schöpferischen Menschengeist vorschwebende (Leit-)Gedanke, der zur Verwirklichung in der künstlerischen Aussage drängt, auch der schöpferische Gedanke überhaupt. Von gr. idein: sehen, erkennen, wissen. Beim Entwerfen besteht das Problem nicht eigentlich darin, Ideen zu haben, auf Ideen zu warten oder nach Ideen zu suchen. Ideen entstehen aus dem aufmerksamen Umgang mit den Gegebenheiten und aus der „Mitgift" des Entwerfenden, seiner Bildung, seinem Erfahrungshintergrund. Das Problem besteht meist darin, zu merken, zu sehen (gr. idein), welche ideelle Energie bereits in der Skizze, die man vor sich hat, vorhanden ist, also eigentlich, dass man

Ideen gehabt hat. Entwerfen so verstanden, besteht im „Hineinhorchen" in den Prozess des „Denkens beim Skizzieren". „The search for what it wants to be", womit die Hinwendung zum „Es", das in der Sache verborgen ist, und nicht das Hervorwürgen von „Ich" gemeint ist[30].

- Konzept: Stichwortartiger Entwurf, erste Fassung. Das, was aufgrund reiflicher Überlegung und „en connaissance de cause" als Handlungsgrundlage erscheint. In Analogie zum Briefschreiben: Man weiss, was man schreiben will, man weiss aber noch nicht wie. Dabei können beim Schreiben neue Gedanken entstehen, welche das, was man sich vorgenommen hatte, bereichern, modifizieren, aber nicht in sein Gegenteil verkehren, sonst war es kein Konzept (siehe auch Idee).

- Lebensvorstellung: Aus Anschauung, Erfahrung und mit Einfühlungsvermögen gewonnene Vorstellung von den Lebensvorgängen in dem zu entwerfenden Gebäude und von der Stimmung, in denen sie aufgehoben sein sollen. Ohne Lebensvorstellung keine Raumvorstellung. Wohl ist Raum das Futteral von Nutzung und Möblierung, die Materialisierung von Nutzung, doch das ist nur die materielle Komponente von Architektur, die ohne emotionale Komponente, wie sie durch eine Lebensvorstellung entsteht, nicht zum Leben kommt.

- Modell: Mittel der Erkenntnisgewinnung. Die operative Bedeutung von Modell besteht hauptsächlich darin, dass sie stellvertretend für die Wirklichkeit manipuliert werden kann (siehe die modellhafte Behandlung von Architektur weiter vorne).

- Optimum: Der relativ günstigste Wert in bezug auf mehrere Teilziele. Der Entwurf kann nicht in bezug auf alle Forderungen eine maximale Lösung ergeben.

- Rückkoppelung: Ein dynamisches System hat eine Rückkoppelung, wenn die Änderungen einer seiner Ausgangsgrössen auf Eingangsgrössen zurückwirken. Man unterscheidet zwei Hauptformen der Rückkoppelung: Die Rückwirkung tragen bei zur Stabilität des Systems: kompensierende Rückkoppelung. Die Rückwirkungen heben die Stabilität des Systems auf: kumulative Rückkoppelung. Die Erkenntnis aus einer Verarbeitungsphase des Projektes wirken auf die Prämissen und Zielsetzungen dieser Arbeitsphase zurück. Rückkoppelung ist dadurch ein wichtiges Hilfsmittel beim Trial- und Error-Verfahren[31].

- System: Menge von Elementen und Menge von Relationen, die zwischen diesen Elementen bestehen. Die Menge der Relationen zwischen den Elementen macht die Struktur. Nützlich für Analyse und Synthese ist das Verstehen des Bauwerkes als Gesamtsystem, aufgebaut aus Trag-, Nutzraum-, Erschliessungssystem, wobei Heizungs-, Kalt- und Warmwassersysteme wiederum Teilsysteme des Erschliessungssystems sind. Bauwerke sind mittlerweilen so komplex geworden, dass der Systembegriff mit Vorteil auch auf sie angewendet wird, um ihre Vielfalt zu organisieren. Der Systembegriff an sich ist zusammen mit der modernen Wissenschaft operativ geworden[32] und hat insbesondere in der Kybernetik seine offensichtlichste Anwendung gefunden[31]. Teilsysteme: Bestandteil eines Gesamtsystems der bestimmte Elemente dieses Systems enthält, die nicht nur untereinander, sondern auch mit Elementen anderer Teilsysteme gekoppelt sind. System, Subsystem (Teilsystem), Komponente, Element und Teil sind nützliche Hierarchiestufen der Dekomposition eines baulichen Gesamtsystems. Struktur: Organisation, Menge der die Elemente eines Systems miteinander verbindender Relationen. Komplexität, die Eigenschaft von Systemen, die durch Art und Zahl der zwischen den Elementen bestehenden Relationen festgelegt ist (im Unterschied zur Kompliziertheit eines Systems, das als grosse Zahl von schwach aufeinander bezogenen Elementen definiert werden kann). Nutzungs- und Raumsystem weisen Elemente und Struktur auf. Die Elemente sind einmal verbal, einmal gegenständlich (räumlich). Die Struktur jedoch (eine Abstraktion) ist für beide etwas Gleichwertiges, Vergleichbares: beim Entwerfen wird Beziehung zwischen Tätigkeiten zu Beziehung zwischen Räumen. These: Beim Übergang vom NS zum RS bleiben die strukturellen Merkmale erhalten[4]. Eine allzu ungebildete Verwendung des Strukturbegriffs hat diesen bis nahe an die Unbrauchbarkeit verkommen lassen: Von der Oberflächenqualität von Materialien (Struktur) bis zur Tragkonstruktion eines Gebäudes (engl. structure) wird nahezu alles mit Struktur bezeichnet.

In die Architektur eingeführt wurde der Strukturbegriff im Verlauf der Arbeiten von Lazlo Moholy-Nagy am Bauhaus in Weimar und am Institute of Design in Chicago[33]. Er unterschied zwischen: Struktur: „Die unveränderbare Aufbauart des Materialgefüges." Sie wird sichtbar gemacht durch das Mikroskop, durch die Fliegeraufnahme, durch den anatomischen Schnitt. Textur: „Die organisch entstandene Abschlussfläche jeder Struktur" – etwas im wesentlichen Natürliches, z.B. die Epidermis, aber auch die Oberflächenqualität von Textilien. Faktur: Der sinnlich wahrnehmbare Niederschlag eines Werkprozesses.

- Trial and Error: Bewährtes Mittel gegen die Angst vor dem leeren Blatt. Sie bleibt keinem erspart, der in einen wirklich kreativen Prozess einsteigt. Louis I. Kahn gibt uns sein Rezept bekannt, diese Angst zu überwinden: „I use the square to begin my solutions because the square is a non-choice, really. In the course of development I search for the forces that would disprove the square."[30] Diese vorläufige Annahme und ihr darauf folgendes Verifizieren/Falsifizieren mit Hilfe von dem, was man über die Aufgabe schon weiss, ist eine brauchbare Arbeitsweise.

- Iteration: Verfahren der schrittweisen Annäherung an die Lösung. Durch bewusste, systematische Anwendung von Versuch und Irrtum gelangt man zu einer wichtigen Methode im Handeln und Denken, so lässt sich von einer ungefähren Ahnung zu einer Lösungsvorstellung und schliesslich zur „besten" Lösung fortschreiten.

- Variable: Veränderliche Grösse, Zahl, Quantität. Denken in Konstanten und Variablen: Ein Teil der veränderlichen Grössen wird vorübergehend konstant gehalten und ein übersichtlicher Teil variiert. Teile eines räumlichen Zusammenhangs werden variiert, während die anschliessenden oder umgebenden Teile konstant gehalten werden. Lösungsbestandteile (Grundrissbestandteile) werden als Konstante in einen zu variierenden Zusammenhang gebracht[34]. Der Grundriss wird im konstant gehaltenen Tragsystem entwickelt. In der Materialisierungsphase des Entwerfens ist das Spiel mit Konstanten und Variablen besonders vordergründig, indem bestimmte räumliche und formale Setzungen aus der vorangegangenen Arbeit als Konstante figurieren, während Material und Technik so lange variiert werden, bis sie diese zu realisieren vermögen. Bei der nur deduktiven Handhabung dieses Vorgangs, d.h. ohne Rückkoppelung konstruktiver Information auf die räumlichen und formalen Prämissen, entstehen Risiken in der materiellen Qualität des Resultats. Variante, Abweichung, Abwandlung, Spielform: Varianten sind Abwandlungen des Projektes innerhalb seiner Prämissen. Alternative: Gegenvorschlag, Zweitmöglichkeit unter dem Aspekt des Entweder-Oder, unter Infragestellung der Prämissen. Die Alternative zu einem Projekt ist eine grundsätzlich andere, kontrastierende, diametral gegenüberliegende Lösung. Wenn man einen Lösungsansatz gefunden hat, lohnt sich die Frage zu stellen: „Geht es nicht auch anders, oder gibt es noch andere Lösungsansätze?" Diese Pause, diese Denkübung wird mindestens dazu verhelfen, den erstgefundenen Lösungsansatz besser zu verstehen.

FAITES VOS JEUX
Aus der vorstehenden Diskussion muss die Beobachtung oder mindestens die Vermutung hervorgehen, dass Aufgabenstellung, die Hilfsmittel zu deren Bewältigung und die Resultate in einer engen Verbindung zueinander stehen. Gewisse Aufgaben bedingen zu ihrer Bewältigung bestimmte Methoden, diese setzen bestimmte Werkzeuge in Gang und diese wiederum beeinflussen unausweichlich die Resultate bzw. lassen nur ihnen gemässe Resultate zu. Die Vielzahl der anstehenden Probleme und ihre von Schritt zu Schritt wechselnde Natur gebietet die immer neue sorgfältige Wahl der einzusetzenden Mittel zu ihrer Lösung. Daraus kann man schliessen, dass es nicht „eine Entwurfsmethode" geben kann. Vielmehr muss der Entwerfer über eine Vielzahl von Verfahren, Werkzeugen und grundsätzlichem methodischem Wissen und entwerferischer Erfahrung verfügen, die er sorgfältig mehrt und in bezug auf welche er mit jedem gelungenen Resultat mehr Sicherheit zusetzen kann. Nun handelt es sich bei den geschilderten Prozessmustern um verschiedene methodische Haltungen, die man im Entwurfsprozess einnehmen kann. Man kann wählen, ob man z.B. linear operieren will oder ob man eher feldmässig vorgeht; es ist freigestellt, ob man einschränkend mit jedem Schritt nur gerade „das" Resultat sucht oder ob man im Gegenteil ausweitend Alternativen sucht zu gefundenen Resultaten. Man kann von Prototypen aus der Architekturgeschichte her operieren, oder haben Sie eine Vorliebe für Wände aus grossformatigen Zementsteinen, oder mögen Sie steile Dächer und operieren daher lieber mit einem formalen Ziel vor Augen? Man hat die Wahl, oder es kommt auch vor, dass man von seinem Naturell her zu einer bestimmten Vorgehensweise neigt, doch, es mag noch so impulsiv, emotionell, spontan (wie heissen diese „Dinge" doch alle?) zu und her gehen, Orientierung kann nicht schaden, zu wissen, wo man steht, zurückschauen auf das, was man gemacht hat, wissend, was noch fehlt. Nach der Diskussion der verschiedenen Entwurfsansätze lässt sich ein vorherrschendes Problem des Entwerfers in der Gefahr der Einseitigkeit des Prozesses erkennen. Wie leicht verfällt man doch der Routine, der automatischen Wiederholung von Prozessmustern, die einmal Erfolg gebracht haben, dem Beharren auf Vorstellungen, die man sich einmal zugelegt hat und die in Ermangelung weiterer Pflege zur Masche geworden sind. Daraus darf aber nun wieder nicht geschlossen werden, dass aus all den geschilderten Möglichkeiten nach dem Rezept des berühmten Dr. Bircher ein Müesli zuzubereiten sei. Entwerfen heisst nicht „von allem ein wenig", es heisst vielmehr, in die Bircherschen Äpfel zu beissen und die Nüsse zu knacken. Entwerfen ist auf solide Standortnahme und zielbewusste Entscheide ebenso angewiesen, wie darauf, dass zwischen diesen rationalen Stationen des Prozesses der vitale Antrieb der Institution wirkt. Allerdings muss gefordert werden, dass ohne Ausschluss und Vernachlässigung alle die beschrieben Standpunkte betreten und von allen Gesichtspunkten her gedacht und gehandelt wird. Vom Entwurfsansatz soll der Weg rundherum bis zu Ende gegangen werden. Das wird sicher mit der sich einstellenden Routine ein individueller Weg werden; dieser Weg wird auch im Interesse der Arbeitsökonomie eine Art von „kritischem Weg" sein, ein Weg, der auch auf Kürze und Effizienz ausgerichtet ist. Da mit jeder Skizze, mit jedem gedanklichen Schritt die Kenntnis der Sachverhalte und Umstände sich vertieft, der Horizont weiter und das Netz der Beziehung dichter werden, stellt sich bestimmt von selber das Bedürfnis ein, dieser Weg möge ein in jeder Hinsicht reifes Resultat ergeben. Reife, sei hier abschliessend definiert, kann bis auf weiteres ein Projekt für sich in Anspruch nehmen, welches die folgenden Eigenschaften enthält:

• Dienlichkeit: Nutzungsentsprechung heute und morgen, das selbstverständliche Funktionieren.
• Erlebnishaltigkeit: Verständlichkeit, dem Zweck entsprechende Wohnlichkeit oder Spannungshaltigkeit.
• Qualität des materiellen Bestandes: entsprechende Wohnlichkeit oder Spannungshaltigkeit. Dem Ort und der Zeit angemessen – nicht „Anpässlerischkeit". Dem Zweck entsprechende Solidität, Unterhaltbarkeit, Dauerhaftigkeit, Reparierbarkeit.
• Verhältnismässigkeit: Der materielle, räumliche und formale Aufwand entspricht dem Ertrag.

Es fällt leicht, in diesen Postulaten die Vitruvschen Forderungen UTILITAS, FIRMITAS, VENUSTAS und OEKONOMIA auszumachen.[35]

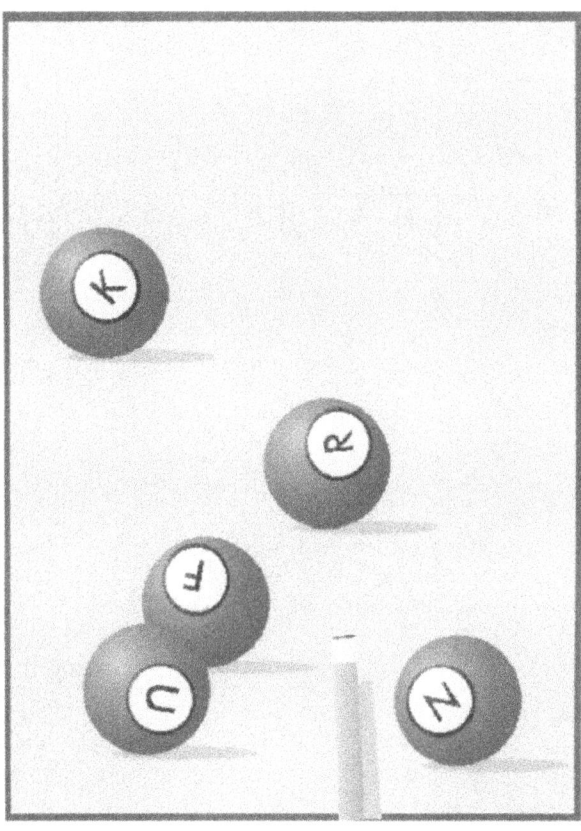

KONSTRUKTIVES ENTWERFEN

Im bisher gesagten haben wir der Konstituanten „Konstruktion" eine eindeutige Rolle, eingebunden in die Abhängigkeit von anderen Konstituanten, zugewiesen. Im folgenden versuchen wir, Konstruktion für sich allein zu betrachten, zu verstehen und für den Entwurfsprozess handhabbar zu machen.

> Als Konstruktion bezeichnen wir die Summe der Massnahmen, die für den physischen Bestand eines Bauwerkes (dessen Produktion, Unterhalt und Erneuerung) notwendig sind. Das sind Auswahl und Einsatz von: Material (Stoffe, Teile, Elemente, Komponenten. Subsystem) und Methode (Herstellungstechnik, Transport und Montage), unter Kontrolle von naturwissenschaftlichen (Physik, Chemie, Biologie), rechtlichen (Bau-, Vertrags- und Arbeitsrecht) und operationellen Randbedingungen (Management und Logistik) und unter ökologischen Zielsetzungen.

Das tönt nun alles sehr technoid, akkurat so, wie wenn daraus nie etwas Belebbares und Bewohnbares werden könnte, so, wie wenn mit diesen Mitteln nie etwas Schönes, Erfreuliches, wenn nicht gar künstlerisch Wertvolles geschaffen werden könnte. Tatsächlich: Der Hammer allein garantiert nichts. Werkzeuge allein ergeben keine brauchbaren Dinge, keine Kunstwerke. Die Mittel zur Erzeugung einer Sache bedürfen der Zwecksetzung und der Führung! Genauso will Konstruktion nicht wie ein Hammer ohne Meisterhand eingesetzt werden: Konstruktion braucht eine Zielsetzung. Andrerseits jedoch wird jedes architektonische Ziel von der Verwendung der Konstruktion, die zu seiner Erreichung eingesetzt werden muss, geprägt sein. Ja, braucht man überhaupt Konstruktion beim Entwerfen? Ist es nicht so, dass „man" zuerst „entwirft" und das „Projekt" dann „konstruiert"? Ist das nicht, was die „Grossen" auch machen? Und zumal heute, wo man ja restlos alles machen, alles herstellen, alles fabrizieren kann, braucht man sich da noch zu fragen, ob und wie man etwas machen will? Und ob die Art und Weise, wie man etwas macht, auf das, was man machen will, einen Einfluss, wenn nicht gar eine Einschränkung ausübt? Die Antwort lautet: Auf konstruktive Überlegungen können wir beim Entwerfen ebensowenig verzichten wie auf räumliche oder formale Überlegungen. Wir können sie nicht ausklammern oder dem Entwurfsprozess nachschalten. Nur der Gleichgewichtszustand der Energien, welche je aus der räumlichen Vorstellung, der Vorstellung der formalen Erscheinung und der Vorstellung der stofflichen und prozessuellen Zusammenhänge einer Sache entstehen, ergibt einen architektonischen Entwurf. Erst durch „Konstruktion" wird ein Entwurf materialisierbar und dadurch lebensfähig. Ohne Konstruktion handelt es sich vorerst um Kartonage. Die „Grossen" sind gross, weil sie eine eigene architektonische Sprache entwickelt haben, und diese Sprache beruht auf einem Vokabular und einer Syntax d.h. auf Elementen und auf Struktur, je mit konstruktivem Inhalt. Form ist lediglich die äussere Erscheinung dieses Inhalts. Nun manipulieren und erzeugen die Grossen wohl beim Entwerfen „Form"; aber es handelt sich dabei um Form, die auf konstruktiver Erfahrung, auf Bauerfahrung beruht. Die Erfahrenen operieren auf sicherem Grund. Es sieht nur so aus, als würden sie nicht konstruieren, ja oft wissen sie selber nicht mehr genau und explizit, dass sie eigentlich aufgrund ihrer Erfahrung mit einem konstruktiven Zensurorgan ausgerüstet sind, welches sie unkonstruktive Entscheide vermeiden oder zumindest erkennen lässt, wann eine konstruktive Abklärung fällig ist. Soviel zum Stellenwert von Konstruktion.

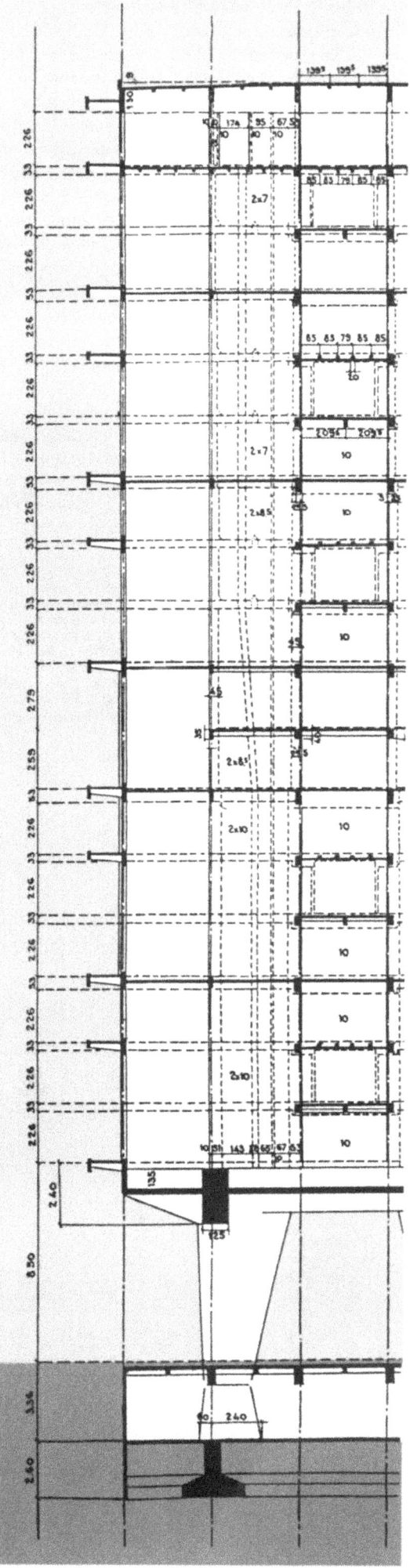

KONSTRUIEREN ZUR RAUMERZEUGUNG

Raum ist die Raison d'être der Architektur. Das erste, rohe Resultat des Entwerfens ist Raum. Konstruktion dient also primär der Raumerzeugung. Folglich müssen wir vorerst diejenigen Gesetzmässigkeiten von Konstruktion herauspräparieren, welche die Fähigkeiten betreffen, Raum zu bilden. Sie sollten anwendbar sein, auch wenn wir noch keine Materialvorstellung oder irgendwelche andere Detailvorstellungen entwickelt haben. Diese abstrakte, rohe, raumerzeugende „Konstruktion" soll im Verlauf der Arbeit durch Schritte der Konkretisierung „materialisiert" werden können. Sollte es so sein, dass jemand mit vorgefassten Material- oder Formvorstellungen in die Aufgabe eintreten will, so sollten diese in die abstrakte, vorerst nur raumerzeugende Konstruktion investiert werden können. Der Übertritt von einem abstrakten zu einem konkreten Aggregatzustand dieser Konstruktionsvorstellung, und umgekehrt, muss möglich sein. Nun ist unsere Definition von Konstruktion wohl komplett und in sich abgeschlossen, für die Arbeit am Zeichentisch aber absolut unbrauchbar. Es ist evident, dass Konstruktion als Summe all dieser Belange eine Sache ist, die nicht telle quelle, also in ihrer ganzen Komplexität und vielfältigen Abhängigkeit, in einen Entwurfsprozess eingebracht werden kann, ohne vorerst „entwurfsgerecht" präpariert zu werden. So wird selbst die grösste Bauerfahrung auf dem Bauplatz und in Werkstätten für das Projektieren eines Bauwerks nicht unmittelbar nützlich sein, weil dort die durch den Bauzeitablauf und die Organisation der Bauproduktion nach Arbeitsgattungen bedingten Elemente des Baubetriebs allzusehr im Vordergrund stehen und zudem nur zum kleinen Teil raumwirksam sind. Was die Baupraxis in einen Entwurf einzubringen hat, muss herausgefiltert und in einer für den Entwurfsprozess verwertbaren Weise verfügbar gemacht werden. Dabei geht es in erster Linie um das Problem der Realitätsnähe, mithin um die Abstraktion. Wir haben deshalb mit den Begriffen Bauweise und Baustruktur ein methodisches Werkzeug geschaffen, welches uns helfen kann, Konstruktion in ihrer raumerzeugenden Eigenschaft zu verstehen und im Entwurfsprozess zu handhaben. Die Begriffe Bauweise und Baustruktur werden in den folgenden Abschnitten theoretisch besprochen und an Beispielen dokumentiert.

Strukturelle Komponenten des konstruktiven Entwerfens (linkes Bild)[36]:
Von links nach rechts: Volumen (Gebäude, Raum), Hülle (Gebäude, Raum, Tragstruktur), Zirkulation und Installationen als „innere" Ordnungsfaktoren beim Entwerfen. Jeder dieser Faktoren birgt in sich die Imaginationskraft eines selbständigen, dreidimensionalen Objekts, das durch einen einfachen Satz von Regeln kontrolliert wird (siehe z.B. Kapitel „Baustruktur"). Ihre gegenseitige Beeinflussung, bzw. Abhängigkeit lässt sich durch die Überlagerung dieser Objekte einfach kontrollieren. Die Ordnungsfaktoren haben sowohl eine reale (Räume, Stützen, Treppen) wie auch eine gedankliche (Themen, Bilder, Konzepte) Existenz. Ihre Abbildung erfolgt dementsprechend in Schemen, Diagrammen etc. bzw. in Werkplänen, Ausschreibung, Verträgen etc.

Konstruktive Problemstellungen (rechtes Bild)[37]:
Dachgesimse, Sockel, Ecken, Öffnungen sind – man ist versucht zu sagen – „archetypische" Orte am Hauskörper, an denen die Lösung technischer Probleme Spuren hinterlässt, die das „Gesicht" des Gebäudes prägen, dessen „Bild" vervollständigen. Für diese typischen Orte, an denen in der Regel der Übergang von einem Bauteil (Wand, Decke, Dach) zum anderen stattfindet, lassen sich bereits auf der Ebene der Schemata in Abhängigkeit von Baustruktur und Bauteiltyp allgemeine Aussagen zur konstruktiven Problemstellung bzw. zu Lösungsmöglichkeiten (Lösungstypen) machen.

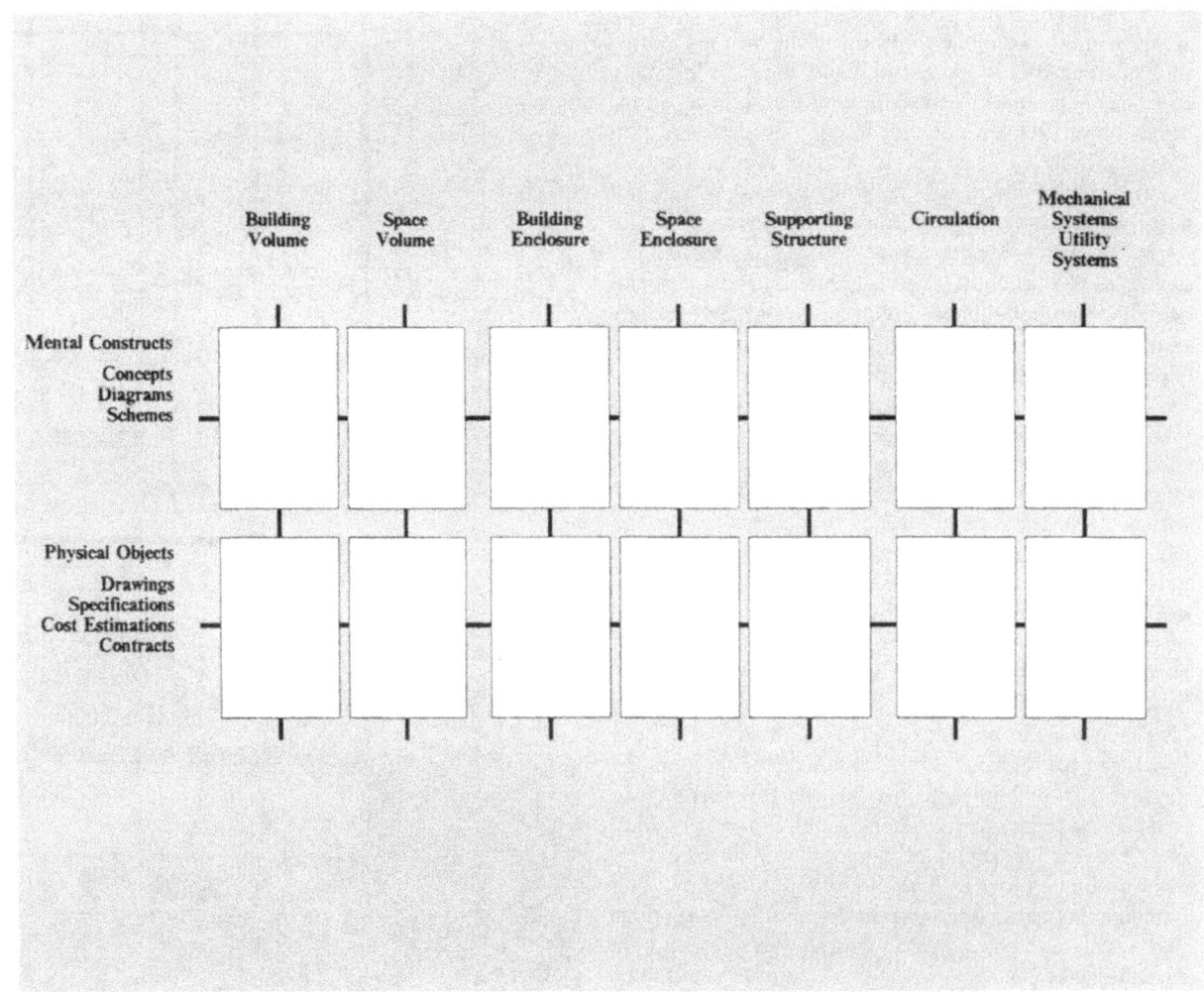

KONSTRUIEREN ZUR MATERIALISIERUNG

Das endgültige, fertige Produkt des Entwerfens ist der, in Funktion der Nutzungsanforderungen qualifizierte, materialisierbare Bau. Konstruktion muss letztlich die Ausrüstung des rohen Raums bewerkstelligen, in Entsprechung zu den menschlichen Anforderungen an dessen materielle Beschaffenheit. Die Konstruktionsphase mit diesem Ziel der Materialisierung leistet also etwas, was komplementär ist zur Raumkonstruktionsphase; die eine ist ohne die andere unvollständig. In den meisten Fällen wird man von der ersten Problemstellung – der Raumerzeugung – her zur Materialisierung kommen, denn es ist anzunehmen, dass man ohne Vorurteile und ohne vorgefassten Materialvorstellungen an die Arbeit herantritt. Die aus kontextuellen Gründen oder anderen Umständen vorgegebene Verwendung bestimmter Materialien oder Methoden sollte jedoch den Arbeitsprozess nicht hindern. Bau ist in der Realität, also gleichsam im Massstab 1:1, beängstigend vielfältig, unübersichtlich, widersprüchlich. Es hat keinen Sinn, beim Entwerfen, also gleichsam im Massstab 1:100, diesen ganzen Wust von Möglichkeiten und Varianten zu berücksichtigen. Und was sich im M. 1:100 darstellen und bestimmen lässt, sollte Nebensächlichkeiten sowieso ausschliessen. Wohl gemerkt, man muss z.B. das Fenster im M. 1:1 haargenau kennen, die Optionen der verschiedenen Systeme und Materialien, ihre Herstellung und Montage, und alles was sie leisten und nicht leisten, und man soll sich ständig auf dem laufenden halten, es gibt da keine zu vernachlässigenden Kleinigkeiten; aber man soll in jedem Entwurfszustand nur über das verfügen müssen, bzw. die Freiheit haben, nur über das verfügen zu können, was gerade seiner „Eindringtiefe" in das Entwurfsproblem entspricht. Für den Lernenden wird das Problem eher heissen, in diesem noch reichlich unerfahrenen, unfertigen, unausgelernten Zustand, in dem er sich befindet, nicht schon alles wissen zu müssen (und zu wollen): Die Problemstellung des „entwurfsgerechten" Präparierens von Konstruktion ist aber auch für den Routinier vorhanden, indem er eine Fülle von Information reduziert und ordnet, mit dem Ziel sich an die Realität von Werkplan, Ausschreibung und Werkvertrag erst schrittweise zu nähern. Es stellt sich zunächst das Problem der Übersicht, sodann das Problem der Detailinformation und Detailkenntnis, und schliesslich das Problem der Synthese zu einem Ganzen. Wir bedienen uns dazu der Methode der Typisierung. Wir reduzieren die Gesamtproblematik der Detailtechnik auf Problemtypen. Die Fülle von Information und Lösungsprinzipien orientieren wir an Lösungstypen. Diese „Stützpunkttaktik" erlaubt es, ein, wenn auch beschränktes, Vokabular an Materialisierungskenntnissen aufzubauen, von dem aus jeder einzelne durch Praxis und Erfahrung sein eigenes Territorium an Kompetenz aufbauen und konsolidieren kann. Das Material an Theorie, Exempel und methodischer Hilfe, das wir erarbeitet und gesammelt haben, ist auf einfachste Weise organisiert: Wir beziehen alle Informationen auf die „Stützpunkte" „Wand + Mauer", „Haus-Sockel", „Haus-Dächer", „Decke + Boden", „Öffnungen", „Zirkulation" und zusätzlich auf den Aspekt des Zeitverhaltens („Zahn der Zeit"). Zusammen mit dem vorliegenden Thema „Baustruktur" entsteht eine tragfähige Basis für das konstruktive Denken beim Entwerfen.

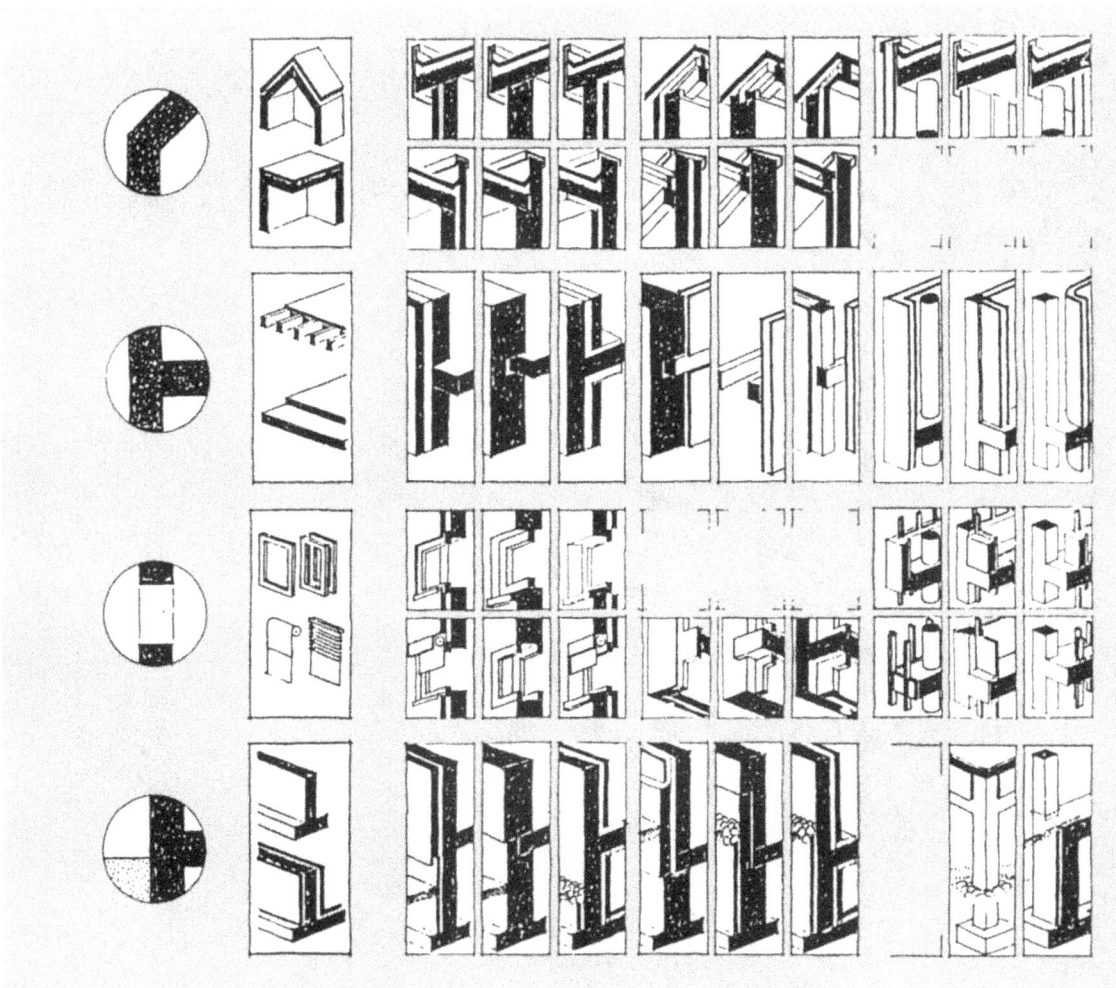

BEZIEHUNG ZWISCHEN RAUMERZEUGUNG UND MATERIALISIERUNG

Es muss immer wieder unterstrichen werden, besonders wenn man, wie in der Konstruktion unumgänglich, von Detailpunkten und Teilaspekten her arbeitet, dass Ganzheit unser Ziel ist, oder anders ausgedrückt, dass ein Gleichgewichtszustand zwischen den beim Entwerfen gehandhabten Teilaspekten anzustreben ist. Zwischen den rohen, grossmassstäblichen, raumerzeugenden, und den verfeinerten, detailmassstäblichen, raumqualifizierenden Konstruktionen, kann Ganzheit auf zwei Wegen entstehen:

- Der organische Weg: Das langsame, im Verlauf des Entwerfens Konkretisieren und Verfeinern. Durch zunehmende Einsicht in die Zusammenhänge, die man im Verlauf der Arbeit gewinnt, fasst man die ursprünglich abstrakten, supponierten, materiallos gedachten „Rohraumerzeuger" Schritt für Schritt konkreter, lebensnaher und hat unversehens mit der Zeit den durch den Konstruktionsvorgang der Materialisierung angestrebten Zustand.

- Der dialektische Weg: Das „in Konstellation bringen" von zwei materiellen Teilsystemen, deren eines die rohe Raumbildung, das andere die Raumausgestaltung, Ausrüstung oder ein anderes der Phase der Materialisierung angehörendes Teilsystem verkörpert. Denkbar sind z.B. Rohbau und Ausbau in einer Weise, wie das im Plan Libre bei Le Corbusier geschieht.[38]

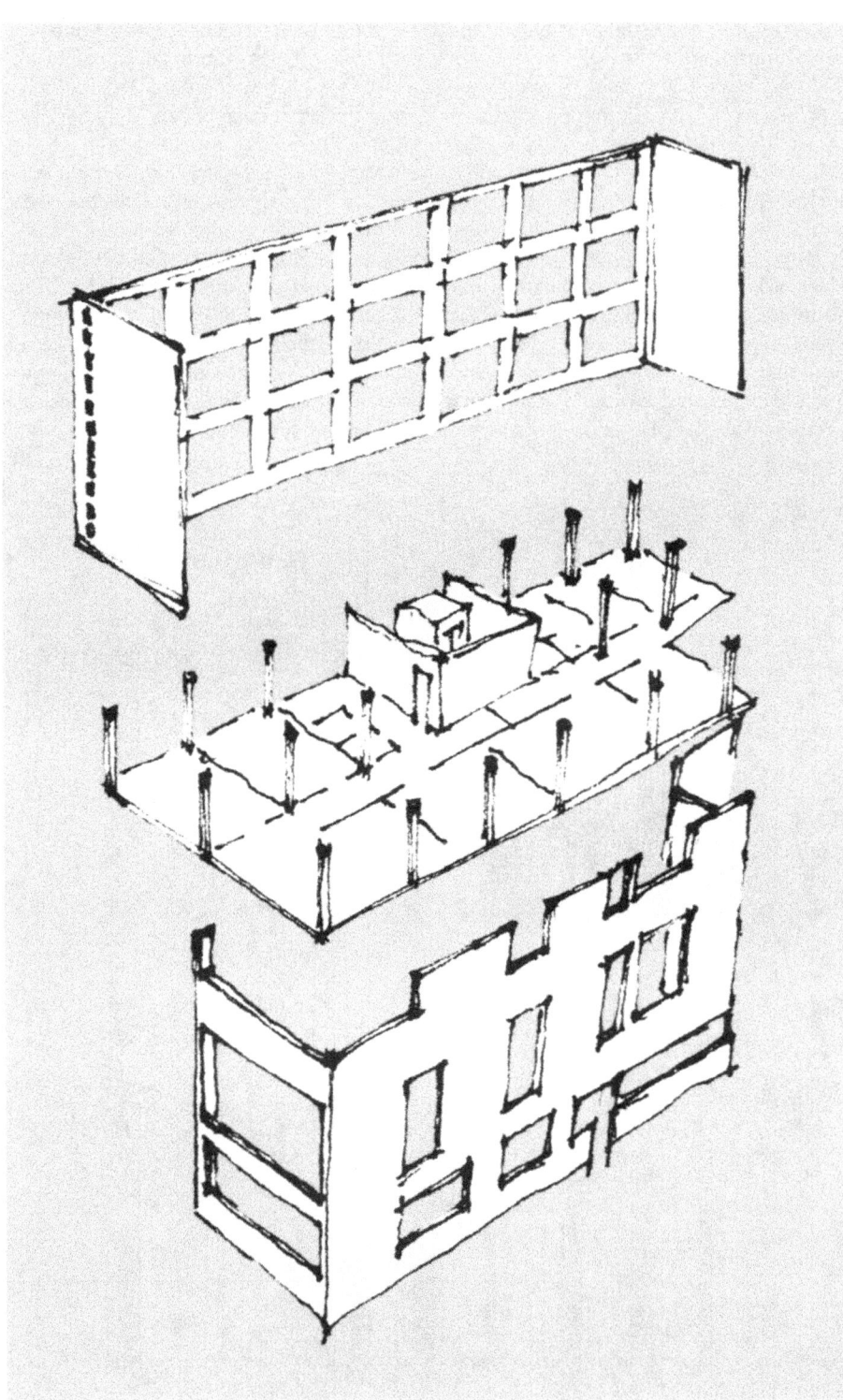

Die Fassade als der Ort, an dem viele Dinge zusammentreffen: Nahtstelle zwischen den Ordnungen, die durch die räumlichen Bezüge nach Aussen bzw. nach Innen entstehen und zwischen der Materialisierung im Ganzen und im Detail.
Am Beispiel des kleineren der beiden Wohnhäuser im St. Alban-Tal in Basel (Diener & Diener Architekten, siehe Seite 49) sollen hier einige dieser Einflüsse dargestellt werden.
Die obere Fassade, gegen den Gewerbekanal und das Nachbarhaus gerichtet, nimmt in ihrer äusseren Erscheinung das Bild der in diesem ins Mittelalter zurückreichenden Gewerbequartier noch vorhandenen Gewerbebauten auf. Gleichzeitig widerspiegelt sie die strikte, direkt auf die Tragstruktur bezogene Ordnung der hinter der Fassade aufgereihten Einzelräume.
Die untere Fassade, gegen einen kleinen Platz gerichtet, korrespondiert mit dem Bild kleinteiliger, mittelalterlicher Hausfassaden der den Platz säumenden Nachbarhäuser. Gleichzeitig bildet sie als „façade libre" die freie, von der Tragstruktur unabhängige Raumdefinition der dahinterliegenden Wohnräume nach aussen ab.[51]

BAUWEISE – BAUSTRUKTUR

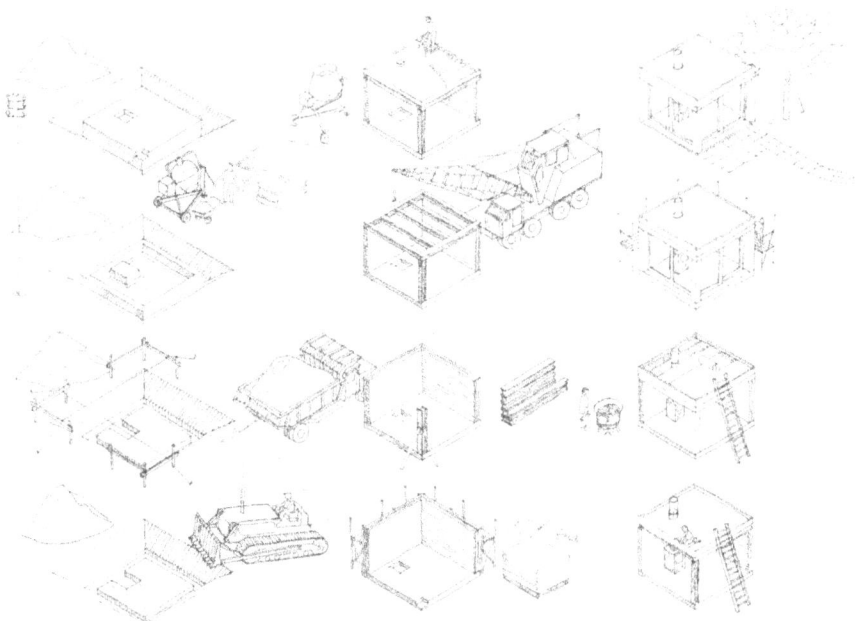

Eine allgemeinverständliche und anschauliche Art, das konstruktive Wesen eines Bauwerks zu beschreiben, gelingt mit Hilfe des Begriffs **Bauweise**. Dieser wird in ernstzunehmender Weise dort in der Praxis angewendet, wo es darum geht, die Art und Weise zu bezeichnen, wie ein Bauwerk „gemacht" ist. Ausgehend von den hauptsächlichen Teilen, meist den Wänden und Stützen des Rohbaus, sind folgende Bezeichnungen gebräuchlich:

nach der Art der **Raumbildung:**
- Massivbauweise: die Raumbildung geschieht nur durch die tragenden Teile, bzw. alle raumbildenden Teile tragen[39]
- Schottenbauweise: die Raumbildung geschieht nur zum Teil durch die tragenden Teile, indem nur in einer Richtung getragen wird
- Skelettbauweise: die Raumbildung geschieht nur äusserst schwach durch die tragenden Teile. Der Grossteil der raumbildenden Teile ist nichttragend

nach den verwendeten **Materialien:**
- Holzbauweise: vorwiegend auf der Verwendung von Holz beruhend
- Backsteinbauweise: vorwiegend auf der Verwendung von Backstein beruhend (In der Regel sind allerdings damit nur die Tragwände des Rohbaus angesprochen)
- Betonbauweise: vorwiegend auf der Verwendung von Beton beruhend
- Stahlbauweise: auch damit ist nur ein wichtiges Subsystem, das Stahlskelett gemeint
- Mischbauweise: genau genommen sind die weitaus meisten Bauten in Mischbauweise erstellt, z.B. Backsteinwände und Betondecken für den Rohbau, Holz, Gips, Keramik, Kunststoff etc. für den Ausbau

nach der Form der verwendeten **Elemente:**
- Grosstafelbauweise
- Kleintafelbauweise
- Raumzellenbauweise

nach der verwendeten **Baumethode:**
- Stockwerkbauweise: in Stockwerkschichten erstellt
- Hubdeckenbauweise: am Boden aufeinander gegossene Stockwerksplatten werden an Säulen auf ihre Verwendungshöhe gehoben
- Gleitschalungsbauweise: vertikale Bauteile werden mit Hilfe von nach oben gleitender Schalung gegossen
- Montagebauweise: Baustellenmontage von vorgefertigten Teilen

nach dem Ort der **Herstellung:**
- Ortbauweise: am Verwendungsort hergestellt
- Vorfertigungsbauweise: in der Fabrik, auf der Baustelle

nach dem **kommerziellen Verhältnis** zwischen Bauherren einerseits, Planern und Unternehmern andererseits:
- Fertigbauweise zum Beispiel, womit in etwas unscharfer Weise ausgedrückt werden soll, dass dem Besteller ein fertiges schlüsselfertiges Haus geliefert wird, wenn also das Haus Warencharakter angenommen hat.

Nun ist z.B. die Aussage, ein bestimmtes Haus sei in Betonbauweise erstellt worden, sehr beschränkt – ein Betonbau kann in allen erwähnten Methoden hergestellt werden, sowohl am Ort wie durch Vorfertigung. Zudem ist selbst bei extrem intensiver Verwendung von Beton (z.B. die Kirchen und Schulhäuser der Schweizer Architekten Förderer, Otto und Zwimpfer aus den 50er und 60er Jahren) stets eine Mischbauweise gegeben. Genau genommen müsste die Bezeichnung demnach Betonrohbau-Bauweise heissen. Dagegen ist die Backsteinbauweise in der Regel zugleich eine Stockwerksbauweise und Ortbauweise. Stahlbauweise ist eine Montage-Vorfertigungsbauweise und führt ebenfalls zwangsläufig zur Mischbauweise. Der Wert der Bezeichnung „Bauweise" liegt also in der technischen Klassifizierung, ist jedoch zwangsläufig beschränkt, da immer nur ein Teilbereich (Material, Methode, Herstellungsort etc.) aufgeschlossen wird, so dass für die eindeutige Bezeichnung einer spezifischen Art ein Bandwurmwort nötig ist (z.B. Backstein-Beton-Grossplatten-Massiv-Bauweise). In der landesüblichen, auf dem oberflächlichen Eindruck beruhenden Art, ist der Begriff Bauweise nur beschränkt nützlich. Für unsere Zwecke brauchen wir eine Charakterisierung, die sich nicht auf technische Beschreibung beschränkt, sondern sich mit zentral entwurfsrelevanten Eigenschaften von Bau befasst.

MASSIV-, SCHOTTEN- UND SKELETTBAUWEISE

Wenn wir nun anschauliche Typen suchen, die demonstrieren, wie Räume gemacht werden können, so bietet sich aus der vorhergehenden Aufstellung der Bauweisen die Unterscheidung in Massivbauweise, Schottenbauweise und Skelettbauweise an. Wir ordnen verschiedene Arten von Raumbildung exemplarisch so an, dass diese drei „reinen" Bauweisen als Extremform und die übrigen Arten als Mischform dargestellt sind. Dabei können wir folgendes beobachten:

- Massivbauweise: Die Raumbildung geschieht vollständig durch die tragenden Teile, sie wirkt stark und endgültig; Löcher in den tragenden Teilen ergeben Öffnungen; ergänzende, nichttragende Teile kommen nicht vor.

- Schottenbauweise: Die Raumbildung geschieht in einer Richtung durch tragende Teile, in der anderen durch nichttragende Teile; in den tragenden Teilen entstehen Öffnungen durch Löcher und Lücken.

- Skelettbauweise: Stützen als tragende Teile definieren den umstellten Raum äusserst schwach; diese Rolle wird fast ausschliesslich von den nichttragenden, trennenden Teilen übernommen; da das Verhältnis zwischen tragenden und nichttragenden Teilen nicht allein durch die Tragsystematik bestimmt ist, sind die Räume freier und weniger endgültig definiert.

BAUSTRUKTUR

Mit der Unterscheidung in Massiv-, Schotten- und Skelettbau hat man nun zugleich die Bestandteile der Raumbildung in die zwei Kategorien „primär" und „komplementär" eingeteilt, wobei diese je nach Bauweise in einer ganz bestimmten, für diese Bauweise typischen mengenmässigen und leistungsmässigen Beziehung stehen:

- Primärsystem: Ordnung bzw. Kategorie der primären, hauptsächlichen, tragenden, unveränderlichen, vom Planenden zu bestimmenden Rohbau-Teile. Das Primärsystem lässt sich als Prinzip typologisch einer Bauweise zuordnen.

- Komplementärsystem: Ordnung bzw. Kategorie der komplementären, ergänzenden, nicht tragenden, veränderlichen, eventuell vom Benützer bestimmbaren Ausbau-Teile. Die Beziehung des Komplementärsystems zum Primärsystem ist der jeweiligen Bauweise entsprechend grundsätzlich festgelegt.

Bestimmte Bauweisen haben also bestimmte Beziehungen ihrer Teile, d.h. Strukturen. Diese Strukturen bestehen unabhängig von der materiellen Beschaffenheit des Bauwerks. Die Strukturhaltigkeit von Bauweisen nennen wir Baustruktur. In der Unterscheidung von „primär" und „komplementär" bleibt ein Rest von Unbestimmtheit. Diese Unbestimmtheit ist so zu sehen, dass erst durch die Nutzung oder andere Prämissen determiniert wird, welche raumdefinierenden Elemente zu welchem System gehören, d.h., welchen Inhalt die Begriffe „primär" und „komplementär" haben. Es kann sein, dass der Inhalt von „primär" nur „tragen" ist, etwa bei einem reinen Skelettbau ohne Lift-, Treppen- und Installationsschächte, oder der Inhalt ist „Rohbau", d.h. sowohl „tragen" wie noch weitere, durch die Arbeitsorganisation bzw. die spezifische Materialisierung bedingte Aspekte. Wenn der Gesichtspunkt der späteren Umbaubarkeit eine Rolle spielen soll, sind z.B. die nicht veränderbaren Elemente primär. Wiederum andere Kriterien wirken bei einem partizipatorischen Planungsprozess, wo die vom Planenden zu bestimmenden gegen die vom Benützer zu bestimmenden Teile abzugrenzen sind. Diese Offenheit bedingt, dass die Grenzziehung zwischen „primär" und „komplementär" ein Resultat des Entwurfsvorgangs ist.

Die Beziehung des Komplementärsystems zum Primärsystem ist der jeweiligen Bauweise entsprechend grundsätzlich festgelegt.

Bauweisen (linkes Bild):
- Massivbauweise (unten links): die Raumbildung geschieht vollständig durch die tragenden Teile, sie wirkt stark und endgültig; Löcher in den tragenden Teilen ergeben Öffnungen; ergänzende, nichttragende Teile kommen nicht vor.
- Schottenbauweise (oben Mitte): die Raumbildung geschieht in einer Richtung durch tragende Teile, in der anderen durch nichttragende Teile; in den tragenden Teilen entstehen Öffnungen durch Löcher und Lücken.
- Skelettbauweise (unten rechts): Stützen als tragende Teile definieren den umstellten Raum äusserst schwach; diese Rolle wird fast ausschliesslich von den nichttragenden, trennenden Teilen übernommen; da das Verhältnis zwischen tragenden und nichttragenden Teilen nicht allein durch die Tragsystematik bestimmt ist, sind die Räume freier und weniger endgültig definiert.
- Mischbauweisen (dazwischen).

primär/komplementär (rechtes Bild):
- Primärsystem (oberes Dreieck): Ordnung bzw. Kategorie der primären, hauptsächlichen, tragenden, unveränderlichen, vom Planenden zu bestimmenden Rohbau-Teile. Das Primärsystem lässt sich als Prinzip typologisch einer Bauweise zuordnen.
- Komplementärsystem (unteres Dreieck): Ordnung bzw. Kategorie der komplementären, ergänzenden, nicht tragenden, veränderlichen, eventuell vom Benützer bestimmbaren Ausbau-Teile.

MASSIVBAUWEISE, BEISPIELE

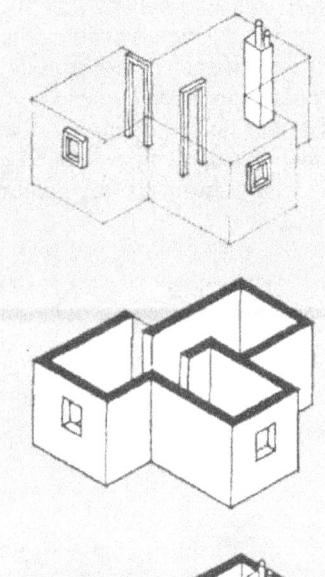

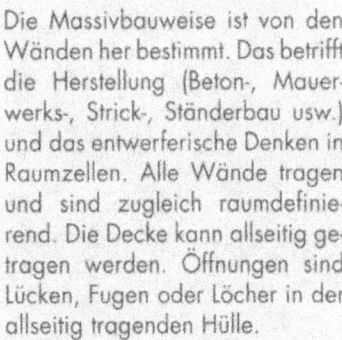

Die Massivbauweise ist von den Wänden her bestimmt. Das betrifft die Herstellung (Beton-, Mauerwerks-, Strick-, Ständerbau usw.) und das entwerferische Denken in Raumzellen. Alle Wände tragen und sind zugleich raumdefinierend. Die Decke kann allseitig getragen werden. Öffnungen sind Lücken, Fugen oder Löcher in der allseitig tragenden Hülle.

Die Massivbauweise kann folgenden Forderungen entsprechen:

Raumdefinition, Raumbeziehungen: stark umstellte Räume, richtungsloses Grundmuster der Raumdefinition im Grundriss (keine vorherrschende Richtung der primären Trennwände)

Öffnungen: eher wenig und schmale Öffnungen, nicht in einer bevorzugten Richtung

Deckensystem: ungerichtet, allseitiges Auflager, linear oder punktuell

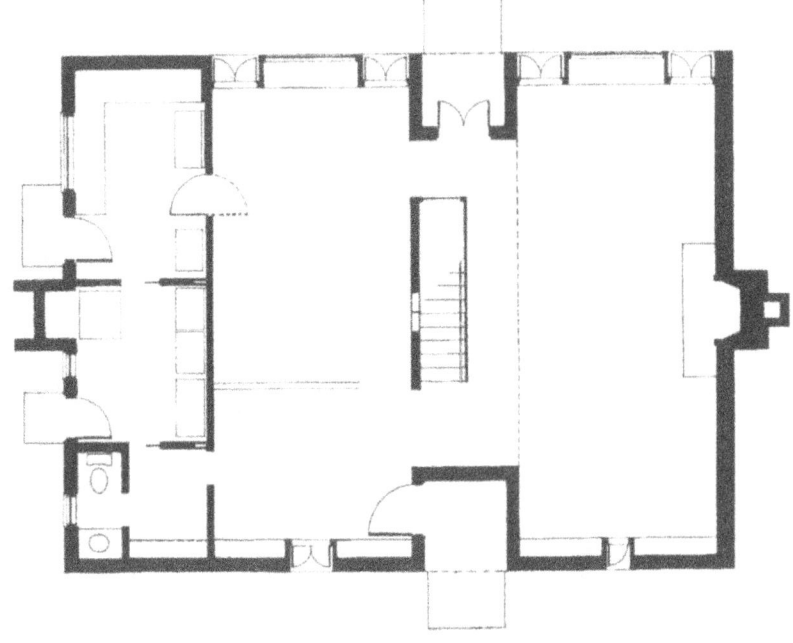

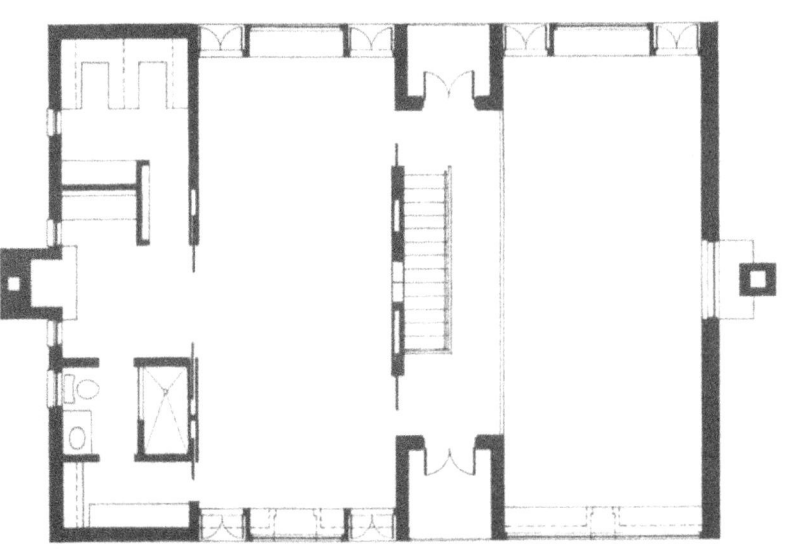

**Louis I. Kahn,
Esherick House, Chestnut Hill,
1959-61**

In dem einfachen, durch den Ausdruck des selbsttragenden Mauerwerks geprägten Volumen überlagern sich Nutzungs- (quadratischer Wohnteil und ergänzender Serviceteil) und räumliche Organisation (je eine Hälfte doppelte, bzw. einfache Raumhöhe). „...The building will not look flat. The deep reveal of windows, entrance alcoves and 2nd floor flower porches will give it an alive look all times. The 2 parts of the building divided by the alcoves should offer subtle silhouette." [40]

**Venturi und Rauch,
Vanna Venturi House, Chestnut Hill,
1962-64**

„Dieser Bau wird der Forderung nach Vielfalt und Widerspruch gerecht: er ist sowohl komplex als auch einfach, offen und geschlossen, gross und klein; einige Bauteile sind in bestimmter Hinsicht gut, schlecht in einer anderen. Sein Aufbau folgt den entscheidenden Grundregeln eines Hauses überhaupt, und ebenso verarbeitet er akzidentielle, nur hier wirksame Bedingungen. Er versucht, der schwierigen Einheit aus einer mittleren Anzahl verschiedener Elemente nahezukommen, nicht aber die einfache Einheit weniger oder vieler einprägsamer Teile zu verwirklichen...

Wenn ich dieses Haus offen und geschlossen, einfach und vielschichtig genannt habe, habe ich mich auf diese gegensätzlichen Charakteristika der äusseren Umfassungswände bezogen. Zwar betonen ihre Brüstungen, zusammen mit dem Wandabschluss der oberen Terrasse auf der Rückseite, das Moment horizontaler Umschliessung; zugleich aber lassen die Terrasse dahinter und darüber das mit dem Schornstein sich verbindende Obergeschoss einen Eindruck von Offenheit zu. Auch lässt der glatte Schnitt dieser Wände im Grundriss den umschliessenden Charakter deutlich werden; dem wirken aber die grossen, oft bis prekär nahe an die Ecken herausgerückten Öffnungen entgegen. Diese Art des Aufbaus einer Wand – in ihrer Führung das Moment der Umschliessung, in ihrer Durchbrechung das der Öffnung zu betonen – findet sich besonders deutlich in der Mitte des vorderen Teils, wo sich die Aussenwand vor die beiden anderen Wände stellt, die die Treppe fangen..." [41]

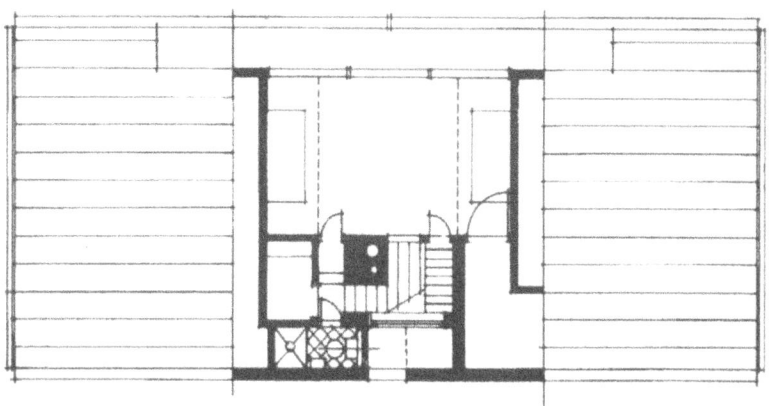

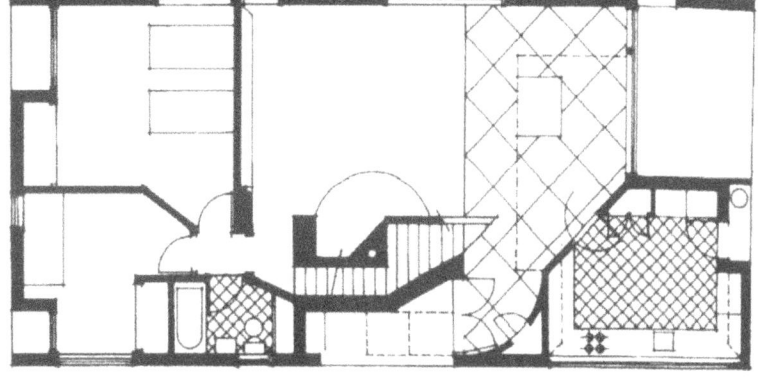

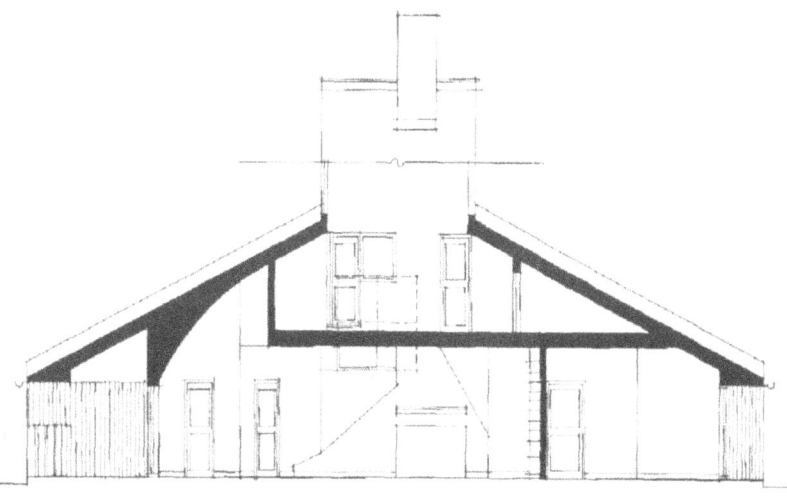

**U. Riva,
Ferienhaus, Stintino (Sardinien),
1959-60**

Vier, mit gedeckten Passagen verbundene Baukörper bilden einen windgeschützten kleinen Innenhof. Ein tiefer Portico schützt den gegen das offene Meer hin gelegenen Schlafteil vor dem intensiven Licht, der Hitze und der Brandung. Im Zwischenraum befindet sich die Zisterne. Die nach Nord-Westen orientierten Körper sind zum Aufenthalt, zum Spielen und zum Überwintern der Schiffe bestimmt. Der vierte Körper enthält eine unabhängige Hausmeisterwohnung mit Küche, Office und Essraum der durch eine Galerie mit Wohnraum verbunden ist.

**A. Gigon, M. Guyer,
Kirchner-Museum, Davos,
1992**

„...Obwohl mit dem Sammlungsbestand aus Ludwig Kirchners Werk das voraussichtliche Ausstellungsgut feststand, vermieden die beiden Architekten bewusst, die Räume nur daraufhin auszurichten. Vielmehr schufen sie mit ihrem Konzept eine neutrale Ausstellungssituation, die unter anderem auch für Kirchners Werke gut geeignet ist.

Vier Säle, davon drei gleich grosse mit den Massen 19x9x4,75m und ein kleinerer, der 11x9x4,75m misst, stehen locker beisammen, so dass dazwischen ein ansehnlicher Zwischenraum übrigbleibt, der, von unregelmässiger Gestalt, einen eigenständigen Charakter aufweist. Die typologische Analogie zu Einraumhäusern tritt

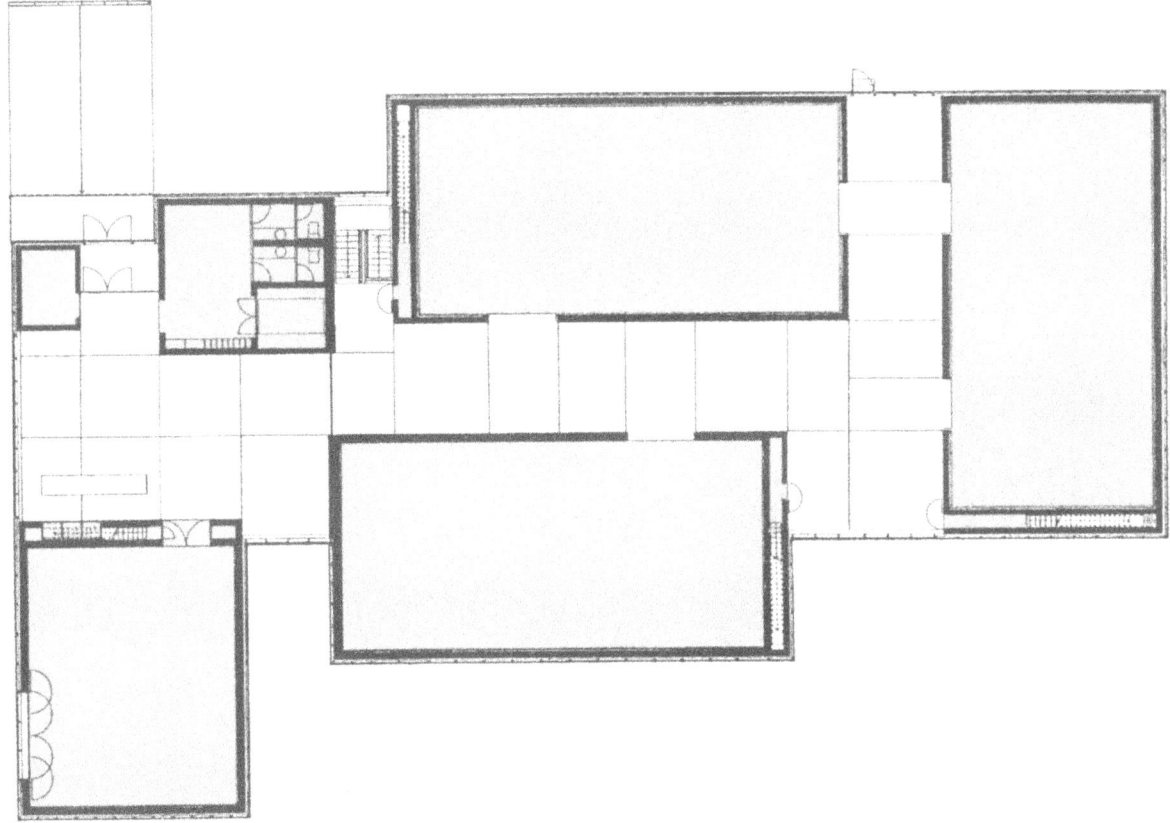

auch nach aussen deutlich hervor, indem ihre Volumen den niedrigen Bereich der Wandelhalle um das Doppelte überragen..." [42]

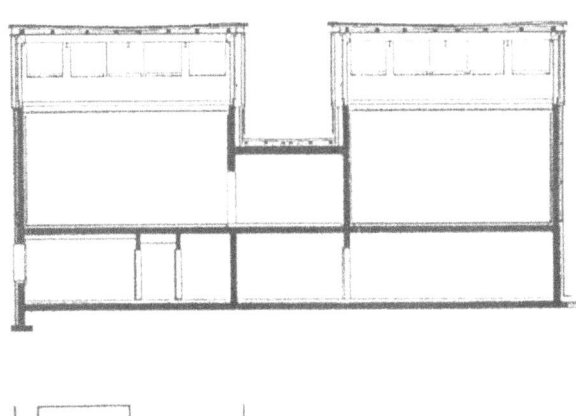

O.M. Ungers, Wohnbebauung „Neue Stadt", Köln, 1961-64

Aus einer Reihe von Wohnungstypen die O.M. Ungers in den 50er und 60er Jahren für den sozialen Wohnungsbau in Deutschland entwickelt hat greifen wir einen heraus, bei dem die Massivbauweise eine ganz spezielle Rolle spielt.

„Die Entwürfe für die ‚neue Stadt' gehen von den Gedanken aus, einzelne autonome Körper so zueinander zu stellen, dass sich dazwischen neue räumliche Bezüge ergeben. Positive Körperform und negativer Zwischenraum werden in Korrelation gebracht. In dieser Wechselbeziehung von Körper und Raum drückt sich eine Eigenschaft des Bauens aus, die darin besteht, dass zwei Wirkungsbereiche – das Innen und Aussen – gleichzeitig zu einem Endzweck organisiert werden."

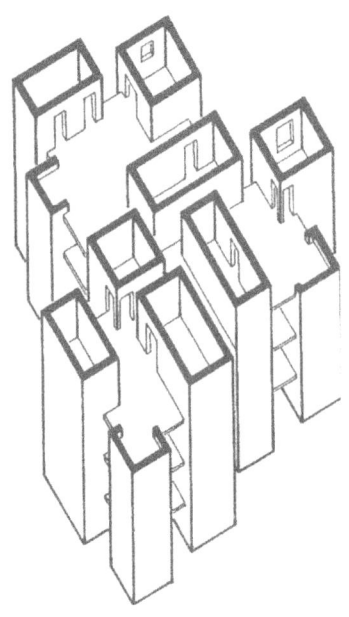

„Der Grundriss besteht aus positiven und negativen Räumen. Die geschlossenen turmartigen Körper enthalten die Schlaf- beziehungsweise Wirtschaftsräume. Dazwischen ergeben sich die Wohnräume, die mit den Aussenräumen in eine unmittelbare räumliche Beziehung treten. Die Anordnung des Grundrisses ermöglicht eine weitgehende Differenzierung in der Höhe und eine Zusammenfassung der Bebauung zu einem ‚Gesamtgebäude', das von zwei bis acht Geschossen in rhythmischer Bewegung ansteigt. Er enthält Wohnungen von drei bis sechs Betten. Im Dachgeschoss liegen teilweise zweigeschossige Wohnungen mit Dachterrassen. Im Erdgeschoss sind keine Wohnungen. Hier bleibt ein freier Durchgang zwischen den einzelne Körpern, in denen sich die Räume für allgemeine Zwecke, wie Waschküche, Trockenraum, Fahrrad- und Geräteraum, Hausmeister und dergleichen befinden." [43]

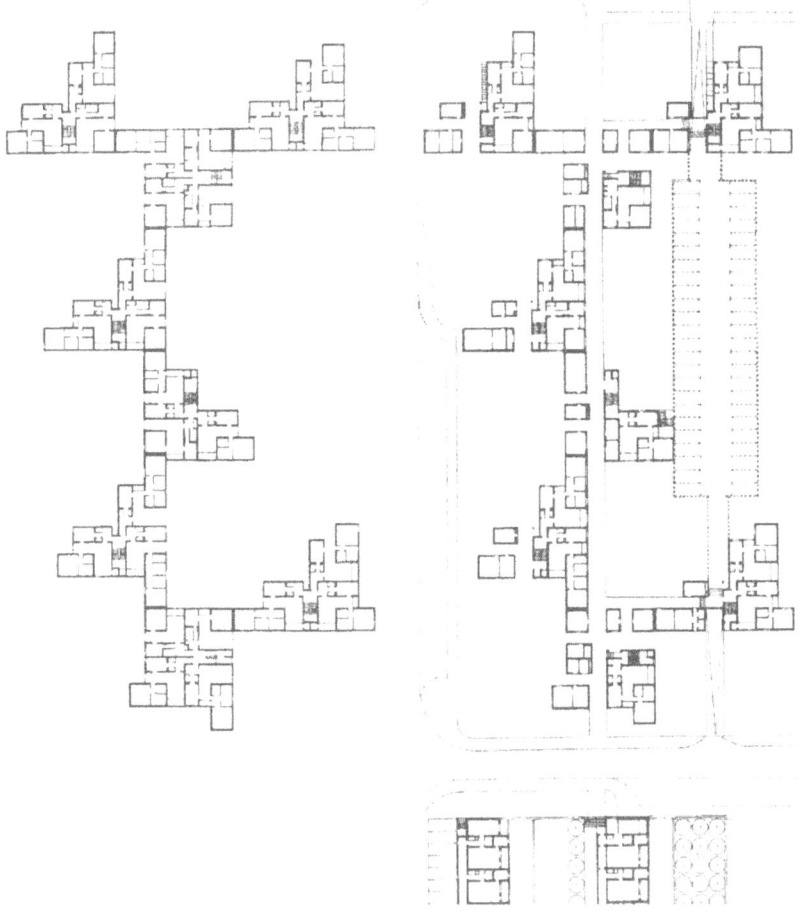

**O.M. Ungers,
Wohnbebauung „Märkisches Viertel",
Berlin, 1962-67**

„Die Baustruktur basiert auf der Korrelation von positiver Körperform und negativem Zwischenraum. Die sich ergebende Ordnung ist allseitig und unendlich. Zusammenfassendes Element ist ein Raumraster von 6 x 6 m, der zugleich ein Plateau bildet. Darunter liegen Parkstände, Zu- und Abfahrten, Strassen, Fußgängerwege, Kinderspielplätze und Freiflächen in Verbindung mit Versorgungseinrichtungen. Im Erdgeschoss bleiben Durchgänge und Nischen frei für eine gewerbliche Nutzung, die sich im Laufe der Zeit als Parasitärbebauung festsetzen kann.

Der Wohnraum entsteht winkelförmig zwischen den Schlaftürmen mit ein, zwei und drei Schlafräumen und den Küchentürmen, bzw. Treppenhäusern. Anschlüsse sind in zwei Richtungen möglich..."[43]

Wir zeigen hier bewusst beide Wohnbebauungen, wohlwissend, dass trotz typologisch gleicher Basis deren soziale Akzeptanz nicht unterschiedlicher sein könnte. Auch sind Unterschiede im Grad der Minimierung der Nutzflächen und im Grad der Festschreibung ihres Gebrauchs durch den Architekten deutlich erkennbar.

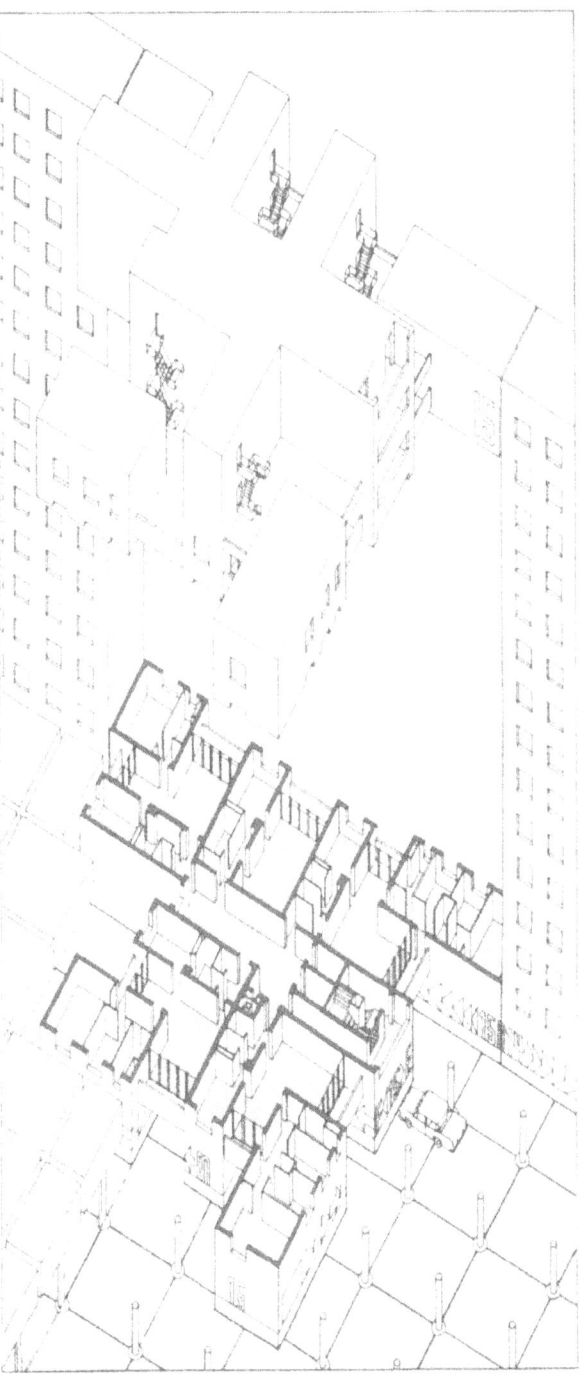

SCHOTTENBAUWEISE, BEISPIELE

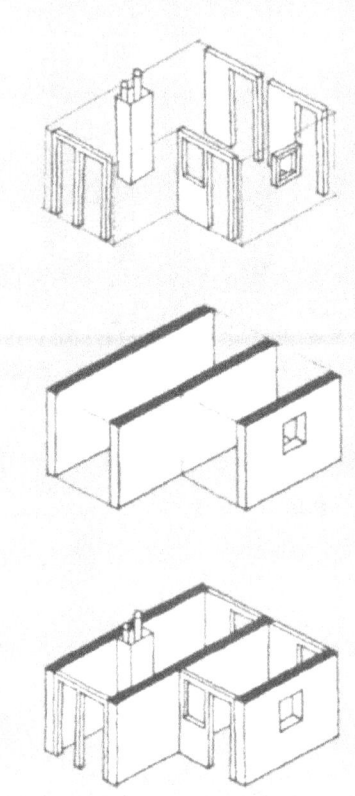

**Alvar Aalto,
Wohnhochhaus „Neue Var",
Bremen, 1958-62**

„Der Grundriss wurde so konzipiert, dass die sonst rechtwinkligen und sehr eng wirkenden Einzimmerwohnungen durch die Verbreiterung der Fensterfront an Weite gewinnen. Das ganze Haus wird nur durch eine Fahrstuhlgruppe erschlossen; dadurch konnte die horizontale Verteilerzone trotz der grossen Anzahl von Wohnungen klein gehalten werden." Das Wohnhochhaus „Schönbühl" in Luzern ist eine Weiterentwicklung dieses Hochhaustyps. „Der Unterschied der beiden Häuser liegt darin, dass beim Luzerner Haus versucht wurde, Wohnungen mit mehr als zwei Zimmern im ‚Fächergrundriss' unterzubringen." [44]

**Atelier 5,
Siedlung Halen, Stuckishaus, Bern,
1959-61**

„... Die Erfahrung ist alt, aber immer wieder überraschend: je konzentrierter die Überbauung, desto geschützter die Bannmeile des Privaten, vorausgesetzt natürlich, dass das Wohnen unmittelbar neben- und übereinander mit der Entschlossenheit zu gegenseitiger Innehaltung dieser Bannmeile eine feste Verbindung eingeht... Was die architektonische Gesamtanlage und die durch sie zwar nicht gewährleistete, wohl aber gleichsam vorgeschlagene Form des Zusammenlebens kennzeichnet, das selbstverständliche Nebeneinander scharf individualistischer und eindeutig gemeinschaftsbildender Grundzüge, das findet sich im einzelnen Wohnhaus wieder. In der Längsachse der schmalen Grundstücke fol-

Die Schottenbauweise ist von der Spannrichtung der Decke her bestimmt (z.B. einschichtige Balkendecke oder Tonnengewölbe mit Wandauflager). Die tragenden Wände definieren den Raum nur seitlich und formen zusammen mit Decke und Boden einen Tunnel, dessen Öffnungen (Lücken vorn und hinten) mit komplementären Elementen abzuschliessen sind. Zur Aufnahme von Horizontalkräften senkrecht zu den Schotten sind besondere Massnahmen nötig (Querversteifung).

Die Schottenbauweise kann folgenden Forderungen entsprechen:

Raumdefinition, Raumbeziehungen: seitlich umstellte Räume, gerichtetes Grundmuster der Raumdefinition im Grundriss (vorherrschende Richtung der primären Trennwände). Seitliche Addition von Räumen

Öffnungen: raumbreite Öffnungen in einer bevorzugten Richtung

Deckensystem: gerichtet, zweiseitiges Auflager, linear oder punktuell

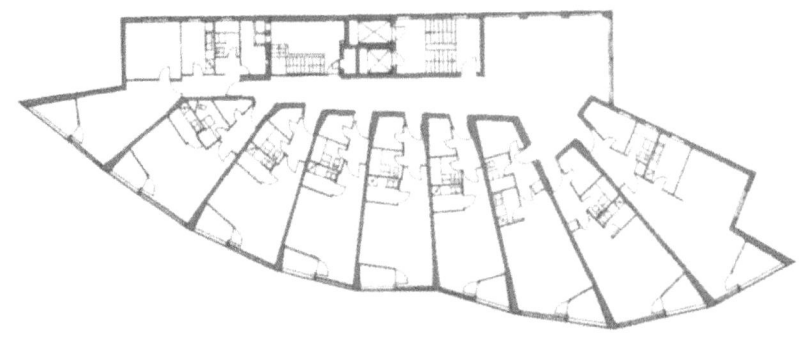

gen Laubengang, Abstellraum, Patio, gedeckter Gartenplatz scharf artikuliert aufeinander; im dreigeschossigen Schnitt sind die Wohnkategorien – Arbeitsraum oder Kinderzimmer, Küche, Schlafräume, Solarium als Wohnzellen von Mann, Frau, Kindern aufs entschiedenste gegeneinander abgesetzt; im Mittelgeschoss schliessen sich die Individualsphären in Gestalt des grossdimensionierten Wohn-, Ess- und Gemeinschaftsraums aufs natürlichste zusammen. Nichts von „fliessendem Raum"; die Zellen sind gegeneinander abgegrenzt, nicht ineinanderfliessend. Auch innerhalb der Familie ist der Einzelne in seinem Unterscheidenden anerkannt und sichtbar. Der Bewohner befindet sich mitten in unserem hoffentlich noch generationenlang individuell empfindenden und denkenden Kontinent..."[45]

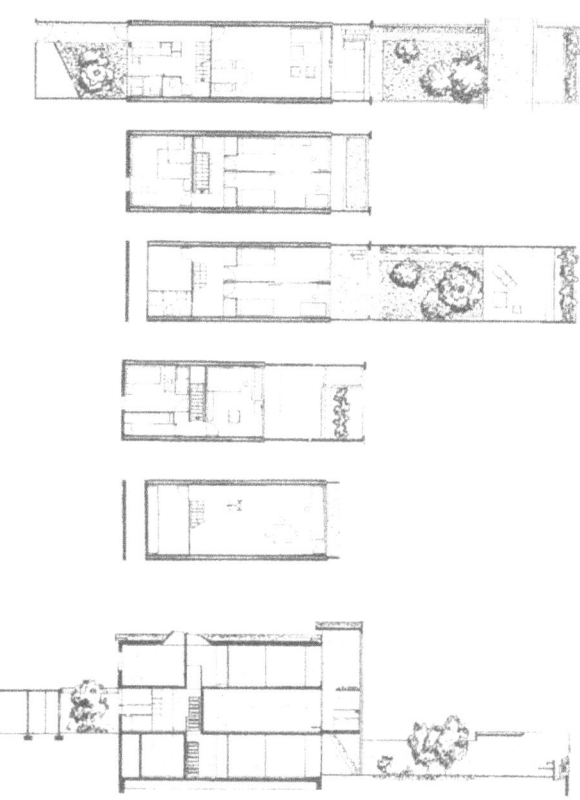

Haustyp 380: Grundrisse Eingangsgeschoss, Obergeschoss, Gartengeschoss, Variante Obergschoss, Variante Gartengeschoss, Schnitt

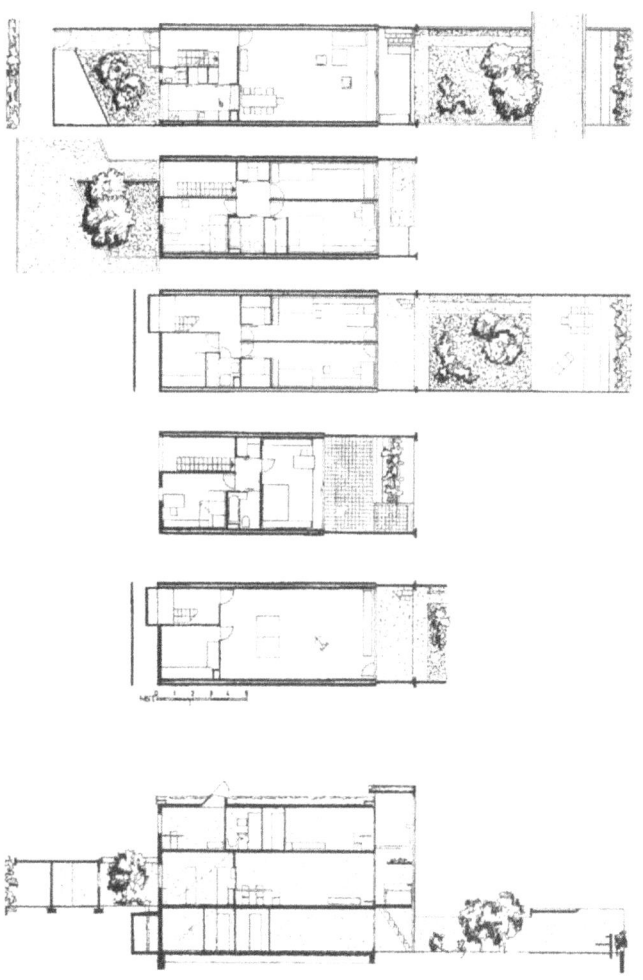

Haustyp 12: Grundrisse Strassengeschoss, Obergeschoss, Gartengeschoss, Variante Obergschoss, Variante Gartengeschoss, Schnitt

41

N.J. Habracken, S.A.R. (Stichting Architecten Research), TU Eindhoven, seit 1964

Im September 1964 gründeten 9 holländische Architekten zusammen mit einem Vertreter des holländischen Architektenverbands die Stiftung für Architekturforschung mit dem Ziel bessere Lösungen für die Probleme des Massenwohnungsbaus aufzuzeigen. Ein Jahr später wurden erste Vorstellungen einer alternativen Methode für den Entwurf adaptabler Wohnungen präsentiert. Sie besteht aus „supports" und „detachable units". Die Hoffnung war, dass traditionellerweise mit dem Massenwohnungsbau verknüpfte Probleme mit dem Entwurf einer geeigneten Tragstruktur z.T. gelöst werden könnten, wie z.B. Minimierung und Repetition. Wichtiger noch, die beiden Hauptbeteiligten: Entwerfer und Nutzer, die im normalen Ablauf lange nacheinander in den Bau involviert sind, erhalten eine Chance ihre Vorstellung so einzubringen, dass sie sich nicht gegenseitig ausschliessen. Der Entwerfer stellt eine Infrastruktur zur Verfügung in der der Nutzer in einem unabhängigen Entscheidungsprozess – nach den Regeln des Entwurfsprinzips – seine Bedürfnisse erfüllen kann.

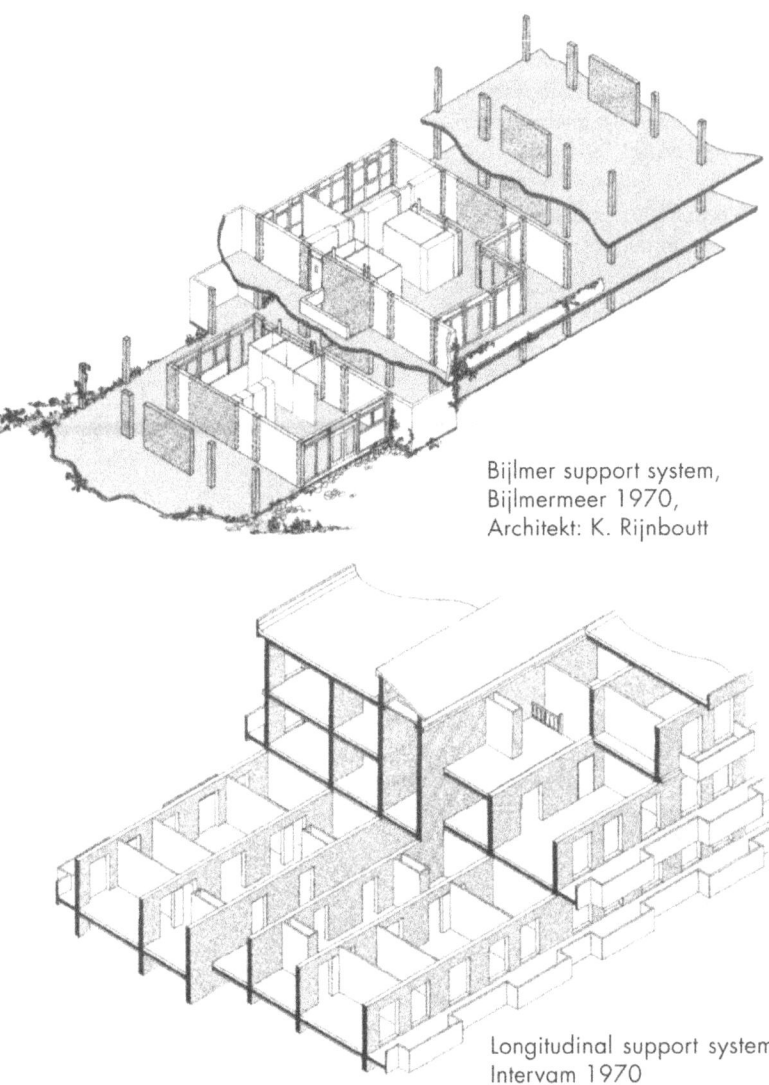

Bijlmer support system, Bijlmermeer 1970, Architekt: K. Rijnboutt

Longitudinal support system, Intervam 1970

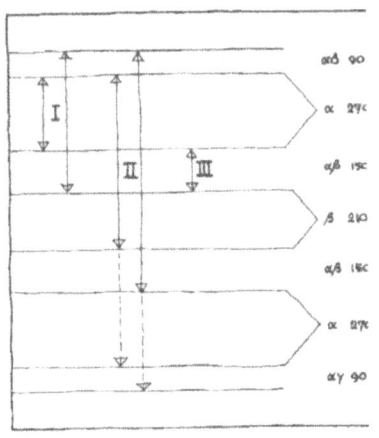
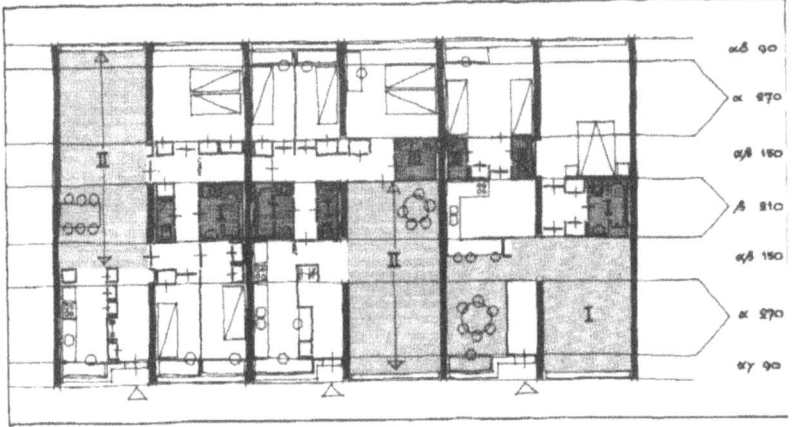

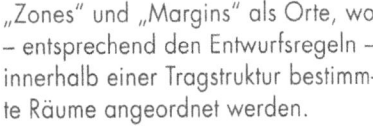

„Zones" und „Margins" als Orte, wo – entsprechend den Entwurfsregeln – innerhalb einer Tragstruktur bestimmte Räume angeordnet werden.

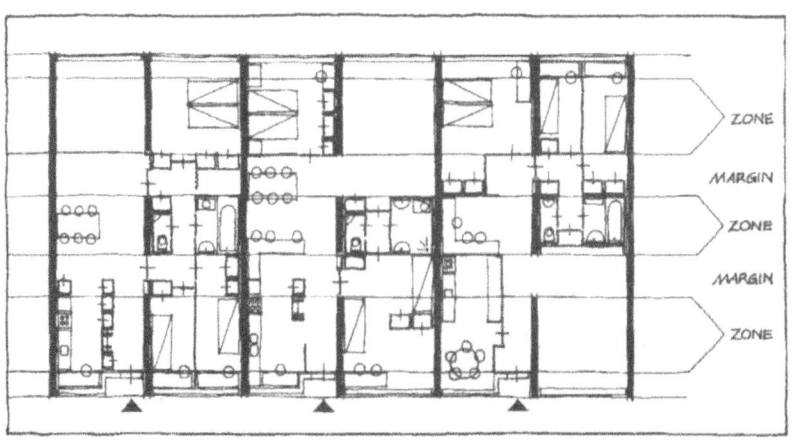

**M. Meili, M. Peter,
Projekt für ein viergeschossiges
Wohnhaus in Holzbauweise, 1993**

„..Das Auseinanderrücken der Wohneinheiten ... ermöglicht es, mit einem einzigen Prinzip, nämlich mit Tragwänden von einheitlicher Richtung, Wohnungen vollkommen unterschiedlicher räumlicher und funktionaler Identität aufzubauen. Wären diese Wände von Wohnung zu Wohnung durchgelaufen und damit in zwei unterschiedliche Raumsysteme eingebunden worden, dann hätte das zu einer Verunklärung der Entwurfsabsicht geführt: Wir wollten mit einem einzigen Element wirklich unterschiedliche Raumcharaktere schaffen und nicht eine Art polyvalente Geschmeidigkeit der Teile demonstrieren... Dies Wände sind natürlich auch eine Setzung, die konstruktiv bedingt ist: Alle tragenden Paneele in den Wohnungen verlaufen in dieselbe Richtung, und folglich alle Decken quer dazu. Dies erlaubt uns, einige grundlegende Probleme dieser Holzkonstruktion zu untersuchen. Zunächst gab es aufgrund der unterschiedlichen Orientierung der Wohnungen zwei völlig unabhängige Formen der Aussenbeziehung, nämliche jene in geöffneter Schottenrichtung und jene quer zu den Paneelen. Dieses Problem wiederholt sich innenräumlich, indem die quer zu den Schotten liegenden Räume aufgrund der Stürze usw. andere Eigenschaften haben als jene längs der Tragscheiben. Dies berührt auch die Frage der Proportionen innerhalb der Wohnungen. Während die Raumlänge bei der Tafelbauweise frei ist, ist die Breite, limitiert durch die Spannweite der Brettstapeldecke, auf etwa 4,80 m begrenzt. Für die Grundrisse ist dies insofern von Bedeutung, als damit für sehr kleine und sehr grossen Wohnungen ähnliche Spannweiten – auch in offenen Bereichen – zur Verfügung stehen, obwohl damit völlig unterschiedliche räumliche und proportionale Beziehungen zu bewältigen sind..." [46]

Tobia Scarpa,
Casa Scarpa, Trevignano,
1969-70

R. Schindler,
Lovell Beach House, Newport Beach, 1925-26

Fünf Stahlbetonscheiben halten Nutzung und Konstruktion zusammen. Sie gliedern das Haus und vermitteln ihm ein prägnantes, unverwechselbares Gesicht. „...Wichtig war, den grössten Teil des Grundstückes als Spielfläche zu erhalten. Deshalb wurde das Haus auf Stützen gestellt. Dadurch befindet sich der Wohnraum hoch genug über der Strandpromenade, um einen ungehinderten Ausblick auf das Meer zu gewähren. Eine Dusche für zurückkommende Schwimmer wurde neben dem Spielplatz angeordnet. Eine private Stiege führt von dieser Dusche zu den Schlafräumen. Das Dach wird als Terrasse verwendet, und ein Teil davon wurde abgeschirmt, um als Sonnenbad verwendet werden zu können. Die Schlafräume sind tatsächlich nur Ankleideräume, da die Betten auf den Schlafterrassen (sleeping porches) stehen... Das ganze Gebäude wird von fünf Stahlbetonrahmen getragen. Sie wurden mit Hilfe von zwei Formen senkrecht gegossen. Hölzerne Balken liegen quer dazu, um den Boden zu tragen. Alle Wände sind ... verputzte Metallsteher und zwischen den Betonrahmen eingehängt..."[47]

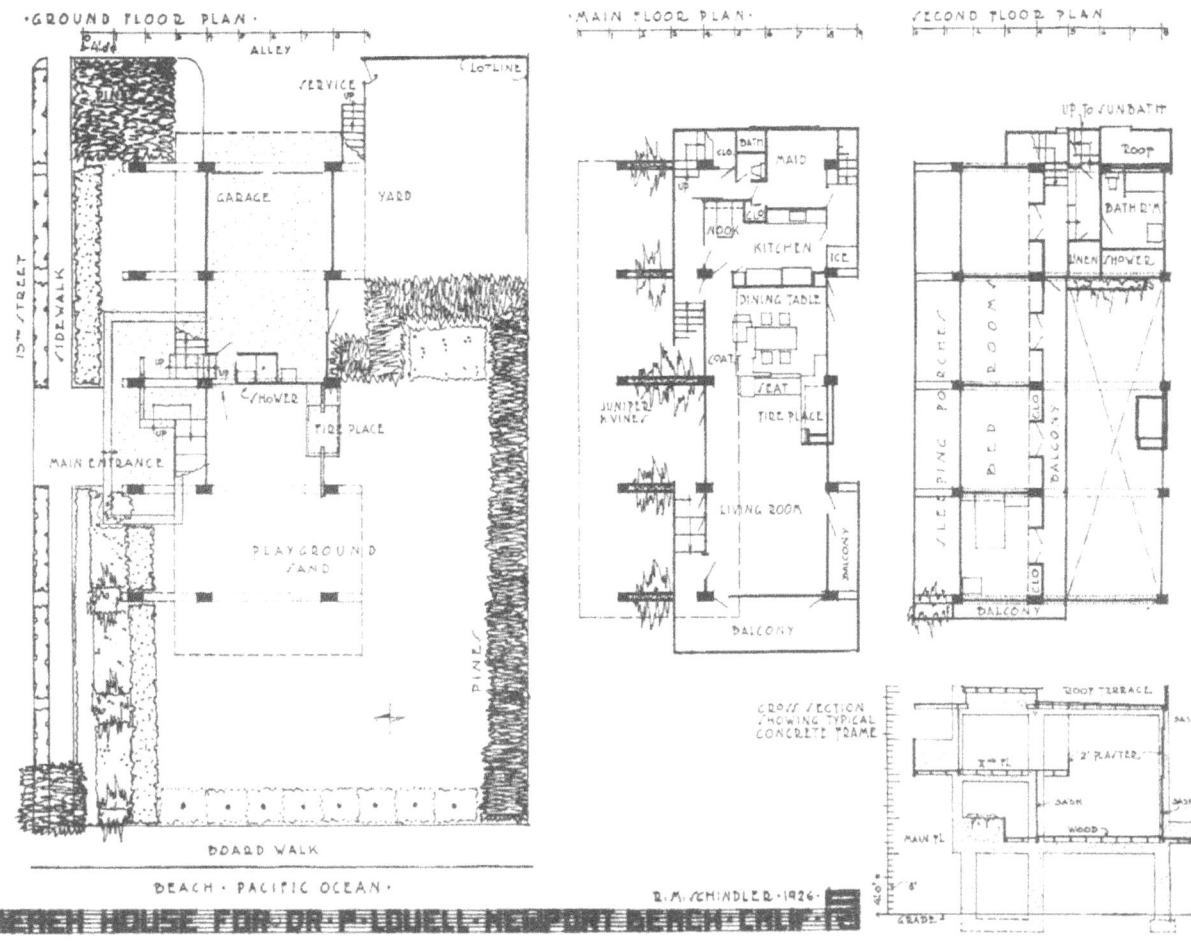

SKELETTBAUWEISE, BEISPIELE

J. Duiker,
Ambachtsschool, Scheveningen,
1930-32

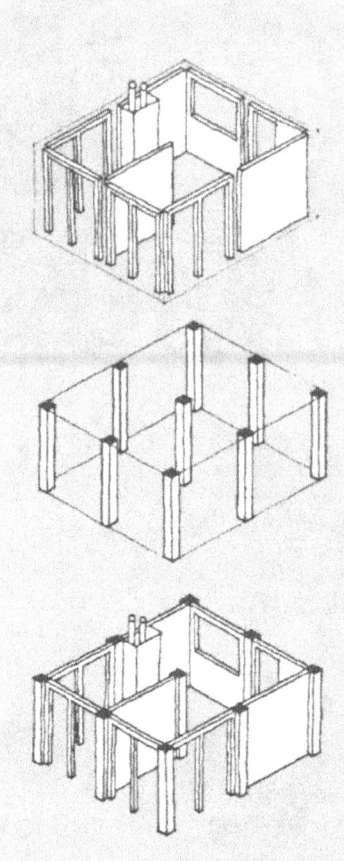

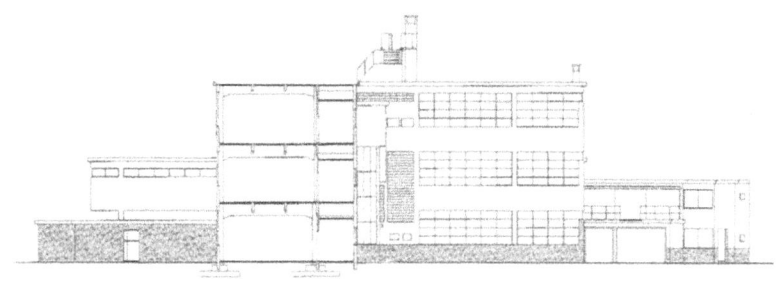

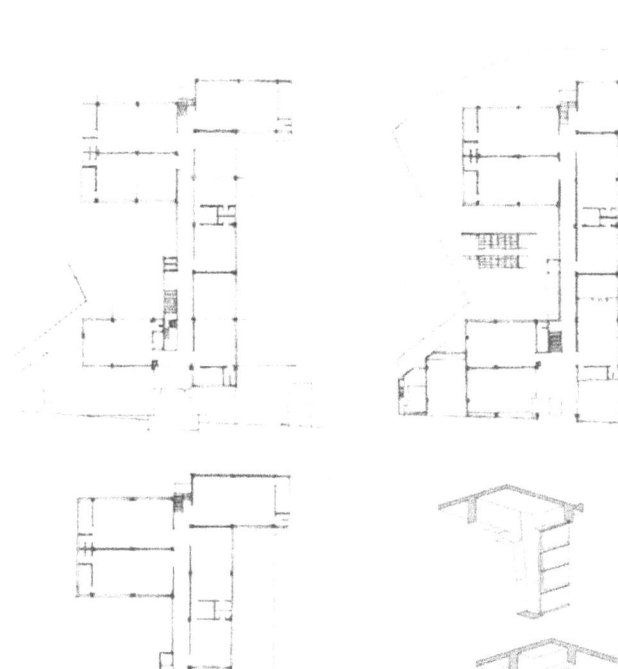

Die Skelettbauweise ist vom Stützenraster her bestimmt (gerichtet oder unterrichtet, zwischen Deckenplatten oder als Raumgitter). Das betrifft die Konstruktion des Tragwerks und das entwerferische Denken im „Plan libre", d.h. in der Trennung von tragen (Primärsystem) und trennen (Komplementärsystem). Alle Seiten sind à priori Öffnungen, in gewissem Sinn auch die Decken. Zur Aufnahme von Horizontalkräften sind in beiden Richtungen besondere Massnahmen nötig (Querversteifung).

Die Skelettbauweise kann folgenden Forderungen entsprechen:

Raumdefinition, Raumbeziehungen: vom Tragen unabhängige Raumdefinition (freier Grundriss)

Öffnungen: gleichwertige, grosse Öffnungen in alle Richtungen

Deckensystem: ungerichtet oder gerichtet (Unterzüge), Auflager punktuell.

K. Schneider, W. Scholl, H. Spieker, Universitätsbau auf den Lahnbergen, Marburg, 1965

Standardisiertes Bausystem für variable, installationsintensive Nutzung. Grundlage der Standardisierung ist ein Koordinationsinstrumentarium als konsequentes Planungsprinzip für Einrichtung, Installation, Ausbau und Tragstruktur. Sämtliche Elemente fügen sich in ein einheitliches Ordnungssystem ein, das Masse, Anschlüsse und Toleranzen regelt.
Primärsystem: Tragwerk, bestehend aus Trägerrost und Vierlingsstützen, die voneinander unabhängige Tische bilden.
Komplementärsystem: Horizontal-Bandraster, der sämtliche Zuordnungen auf der Fläche festlegt. Das Achsmass regelt dabei die sich aus den Raumbedingungen ergebenden Abhängigkeiten. Die Bandbreite ist das konstruktive Mass für die raumbildenden Elemente, einschliesslich der notwendigen Toleranz. Zugleich ist die Bandbreite das Grundmass des modularen Einrichtungsrasters.

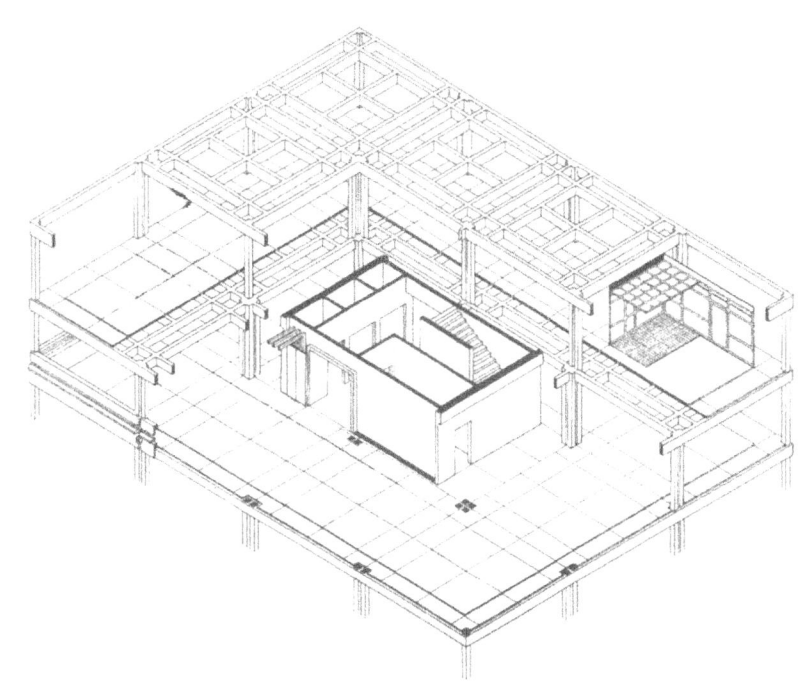

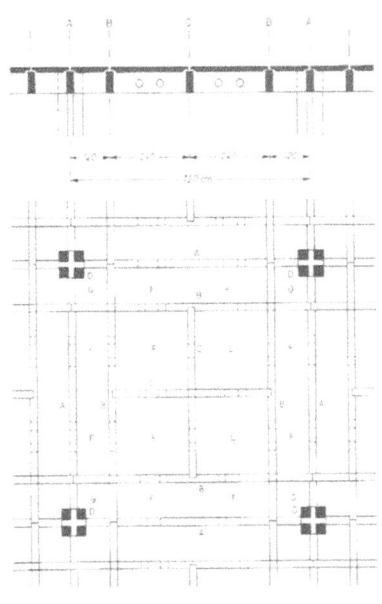

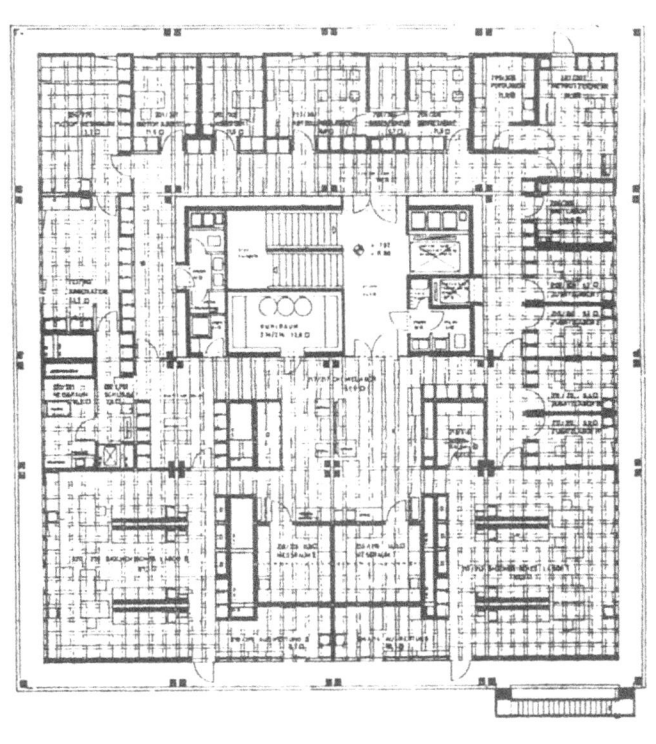

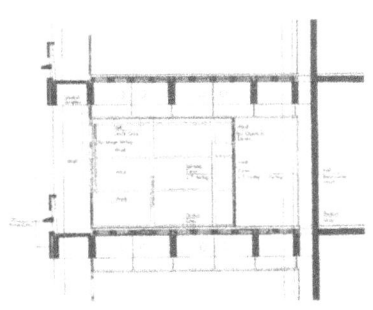

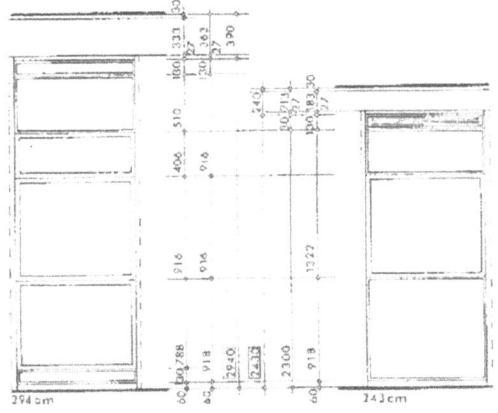

**Atelier 5,
Mensa, Universität, Stuttgart-
Vaihingen, 1970-76**

„...Als Auslöser der überblickbare Mittagstisch; drei, fünf, sechs Kommilitonen vor dampfender Suppe in einem durch das Stützwerk abgegrenzten Geviert (wie zu Hause bei Muttern). Eine Situation zwischen Einordnung und Alleinsein, es entsteht ein subtil-kollektives Gefüge..." [48] „...Der grosse Mensasaal, aber auch die Räume in den drei unteren Geschossen sind geprägt durch diesen relativ kleinmassstäblich, seriellen Raster. Die ‚vertikale Transparenz' zwischen den verschiedenen Stockwerken geschieht durch Öffnungen in den Decken, die das Tageslicht bis in die unteren Geschosse dringen lassen und die die räumliche Kontinuität in der Vertikalen visuell erlebbar machen... Man denkt auch an die Raumstrukturen des Künstlers Sol Le Witt." [49]

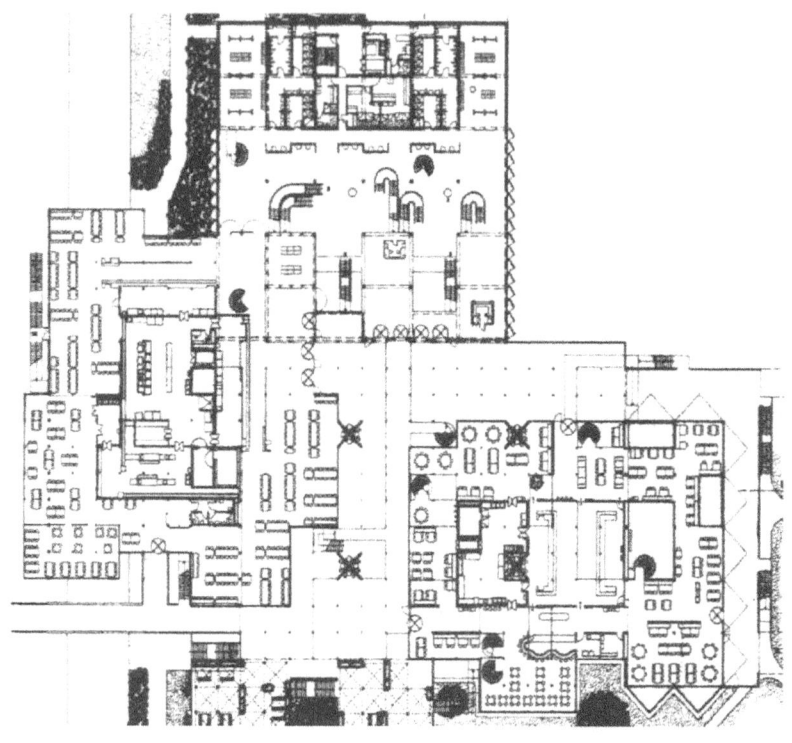

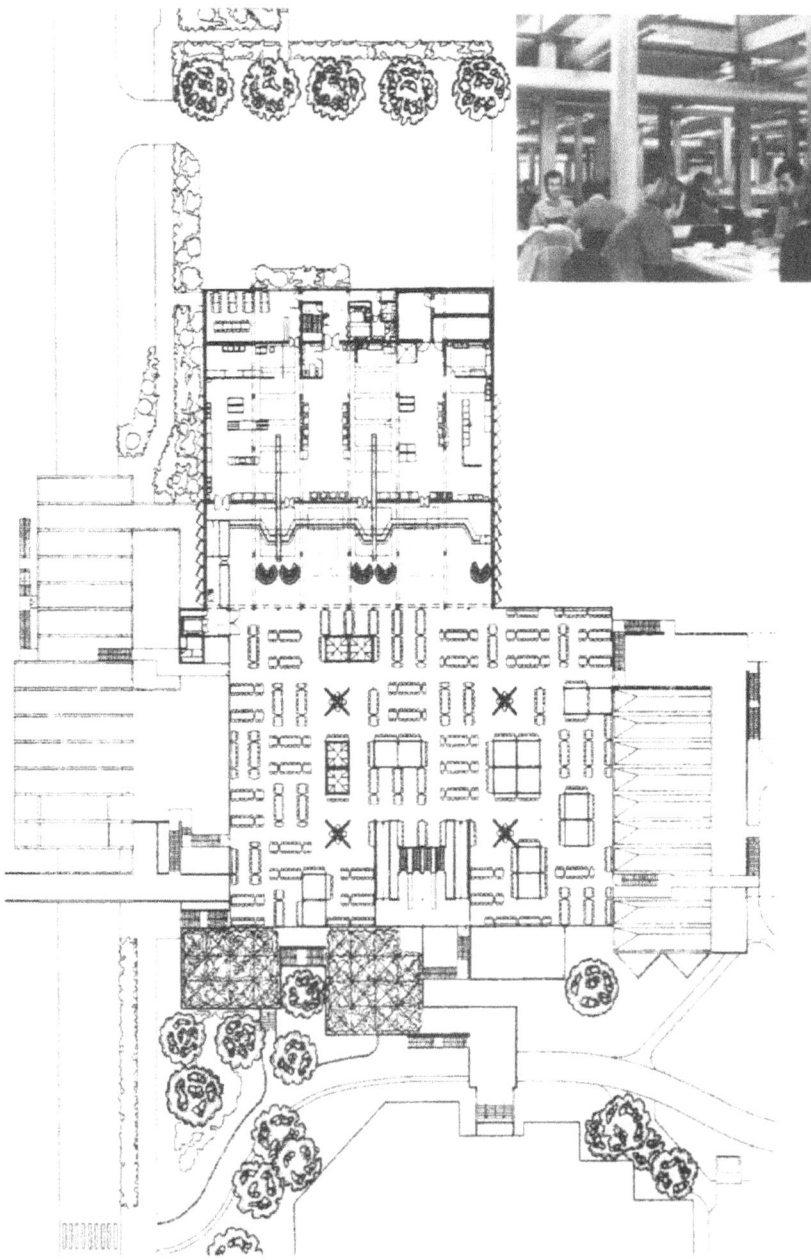

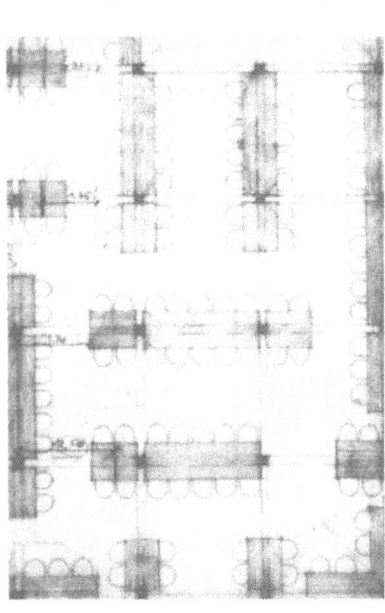

**Diener & Diener,
Zwei Wohnhäuser im St. Alban-Tal,
Basel, 1983-86**

„Die beiden Wohnhäuser stehen in einem historischen Gewerbequartier. An einem Kanal gelegen, ersetzen sie ein Mühlepaar, das, vor Jahren abgebrochen, der Papierproduktion gedient hatte... Wie die gewerblichen und frühindustriellen Bauten des Mittelalters und des 19. Jahrhunderts in diesem Quartier sind sie nach einfachen morphologischen Regeln aufgebaut..." [50]

Das kleinere Gebäude längs des Gewerbekanals ist als Skelettbau ausgebildet. Eine Reihe gleicher Zimmer, die Stützen quadratisch, die Wände auf die Stützen laufend und die Fassade als Ausfachung des Skeletts sind Merkmale des Individualbereichs der

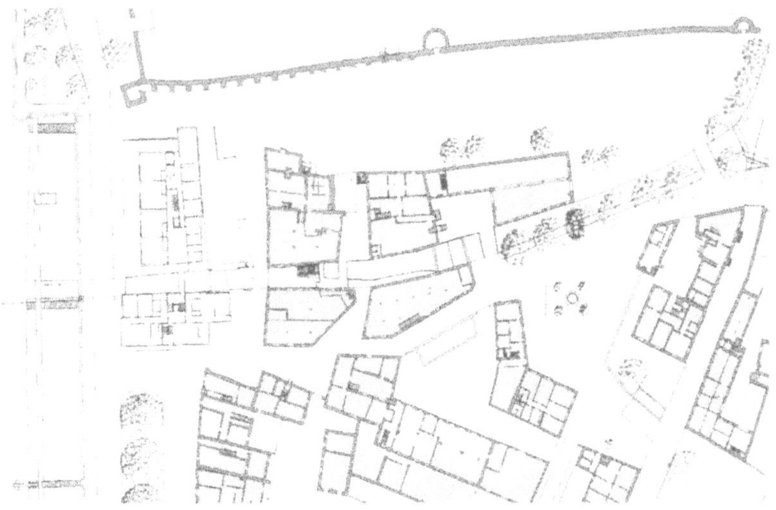

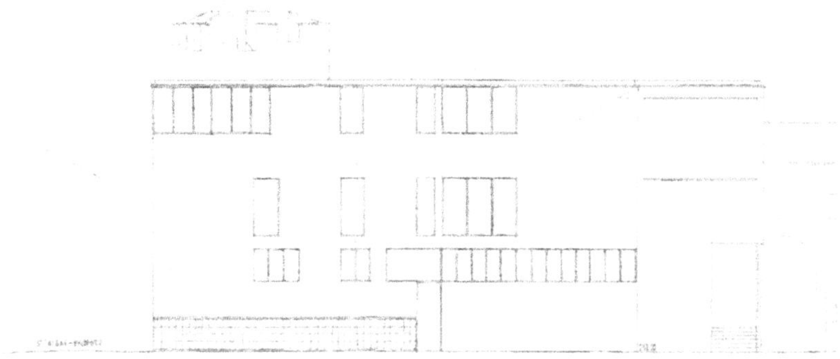

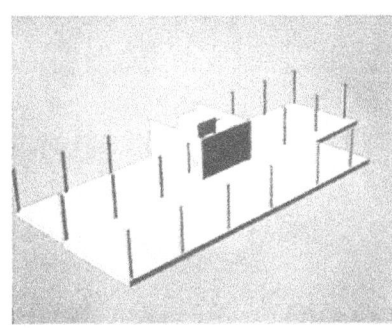

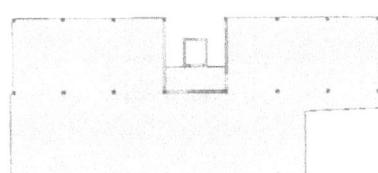

Wohnung. Im Wohnbereich ist der „plan libre" realisiert: die Wände laufen neben den runden Stützen, die Stützen stehen vor der „façade libre".

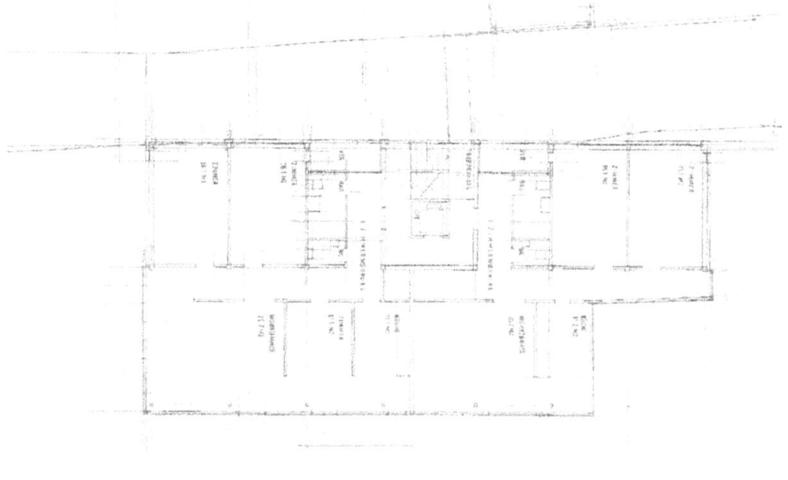

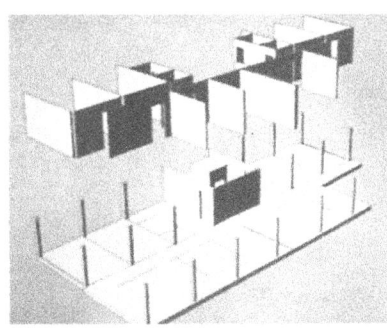

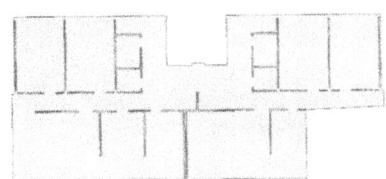

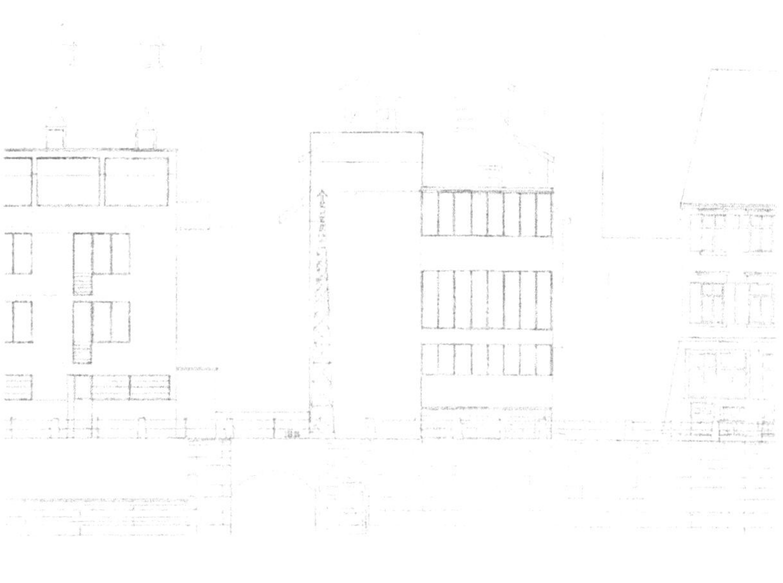

Die Art der Zuordnung der raumdefinierenden Elemente zueinander und die Vorstellung von der Art der Nutzung der Räume entsprechen sich. [51]

MISCHBAUWEISE, BEISPIELE

Stadtvilla Jaisalmer

Jaisalmer liegt am Rande der grossen Indischen Wüste. Es wurde 1156 durch Rao Jaisalji als militärische Bastion und Handelsplatz an der Ost-West-Route gegründet. Das Klima ist trocken, heiss während des Tages und kalt in der Nacht. Die Tempel und Schreine der Jains – einer strenggläubigen Hindusekte – machten die Stadt zu einem bevorzugten Ort für Pilgerfahrten.

Das hier vorgestellte Wohnhaus ist nach Osten zur Strasse hin orientiert. Das nach Westen ansteigende Gelände wird ausgenutzt, für ein zusätzliches Geschoss auf der Strassenseite. Mehrgeschossige Innenhöfe und die Dachgärten sind Teil der lokalen Bautradition. Auch sind die Häuser oft in einer, eine Holzbauweise imitierenden Stützen-Balken-Konstruktion aus örtlichem Sandstein gebaut.

Mit Ausnahme von Treppen, Küche und Badezimmer verändert sich die Nutzung der Räume mit dem Tagesablauf. Steht die Sonne noch tief, werden die oberen Räume genutzt. Mit der Hitze des Tages zieht die Familie nach unten in die dunkleren und kühleren Räume. Zum Schlafen werden die von der Sonne erwärmten Dachterrassen genutzt. In speziell kühlen Nächten erwärmt ein Feuer am Boden des zentralen Innenhofs die unmittelbare Umgebung.

Zwei Treppenhäuser, ein formelles und ein internes, verbinden die Geschosse. Eine breite und eine schmale Raumschicht entlang den Nachbarwänden definieren die Haupt- und Nebenzirkulationszone auf den Geschossen. Die Beziehung zwischen dem zentralen Innenhof und den beiden Zirkulationszonen entspricht deren funktionalen Bedeutung.

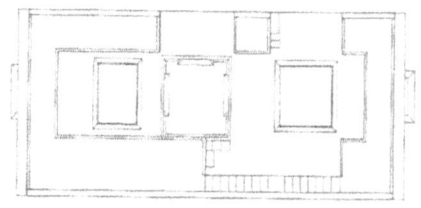
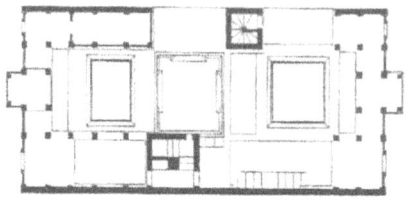
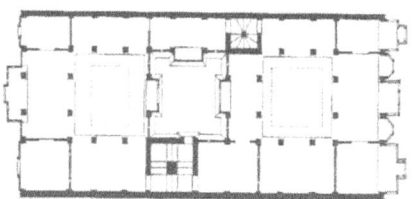
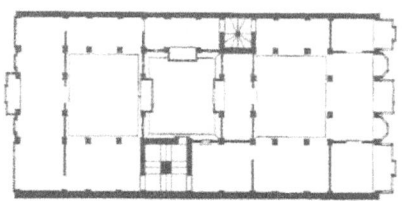
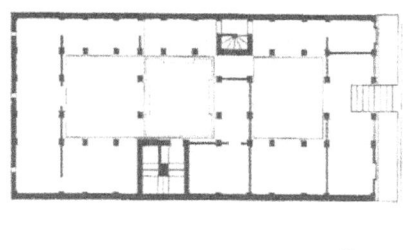
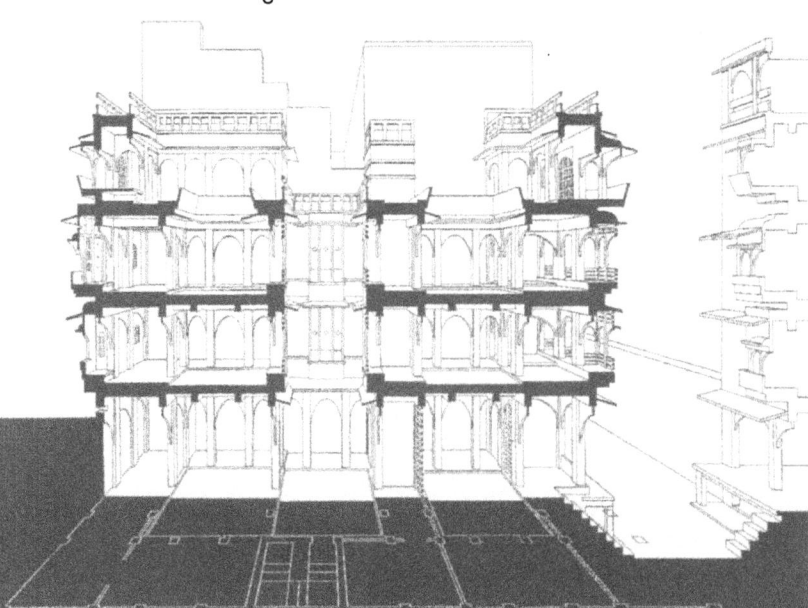

W.G. Clark,
Middleton Inn, Charleston S.C.,
1986

Middleton Place, 15 Meilen von Charleston entfernt, ist einer der aus dem 18. Jahrhundert stammenden Landsitze entlang des Ashley Rivers. Für das Hotel wurden die Terrassen einer früheren Phosphatmine etwas ausserhalb der Gartenanlagen gewählt. Das Hauptgebäude steht mit dem Rücken zur Böschung der obersten Terrasse. Ein langer, schmaler Mauerkörper, vom Architekten „Armatur" genannt, trennt, einer Schutzwand gleich, das Innen, die Rasenfläche der Terrasse, vom Aussen, dem dahinterliegenden Wald. Er bildet gleichsam das Rückgrat der Anlage und enthält Foyer, Ankleide und Bäder der Hotelzimmer. Entlang der sich zum Fluss hin öffnenden Innenseite der L-förmigen Armatur sind die dreigeschossigen Holzstrukturen der Zimmer paarweise aufgereiht. Sie werden senkrecht zur Armatur durch einen weiteren, niedrigeren, durch die Cheminées gebildeten Mauerkörper getrennt.[52]

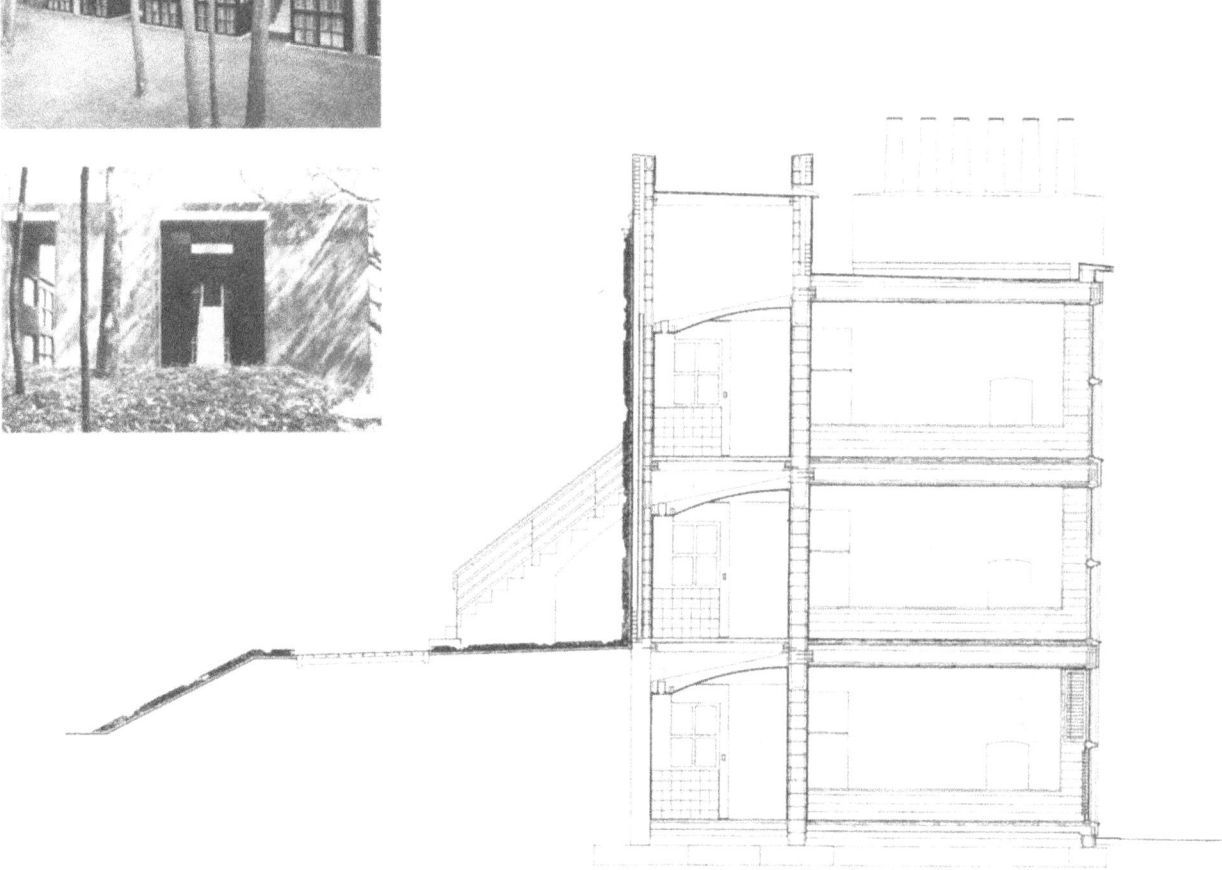

**R. Meier,
Smith House, Darien,
1965-67**

„...The spatial organisation in this house, as in many of the projects to follow, incorporates a programmatic separation between public and private areas. Ideally, every person in the household would have his or her own private space for sleeping, bathing, and retirement. The private side of the house is on the entry side, facing the land, the woods, and the road. The public spaces, where the family meets and entertains, are at the rear of the house, overlooking the water. The private sector is a series of closed, cellular spaces, organized on three levels. The public sector consists of three platforms within a single, three-sided glass enclosure..." [53]

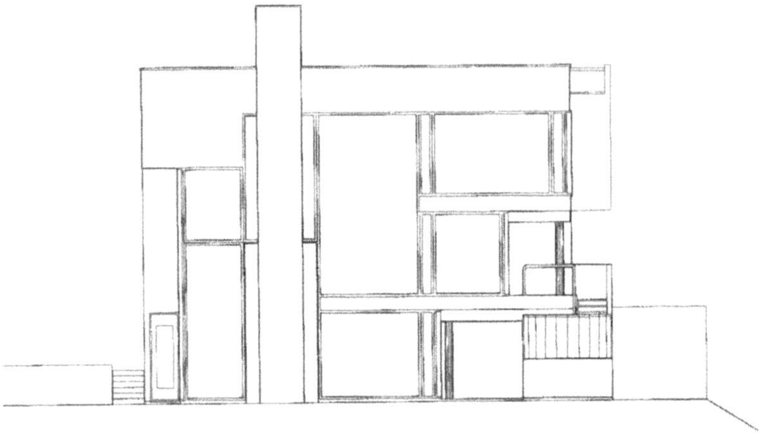

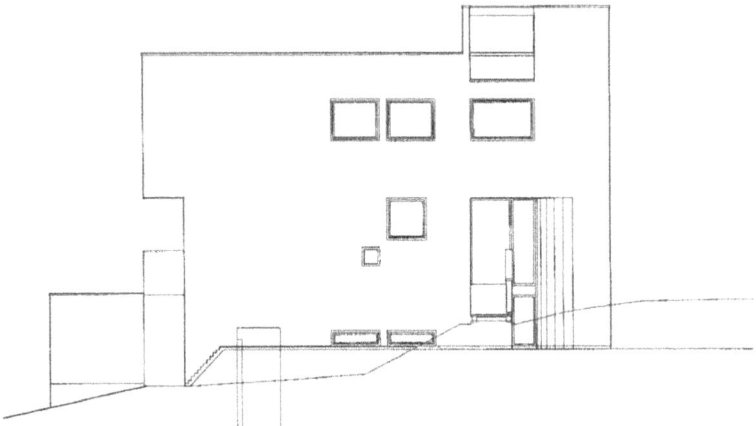

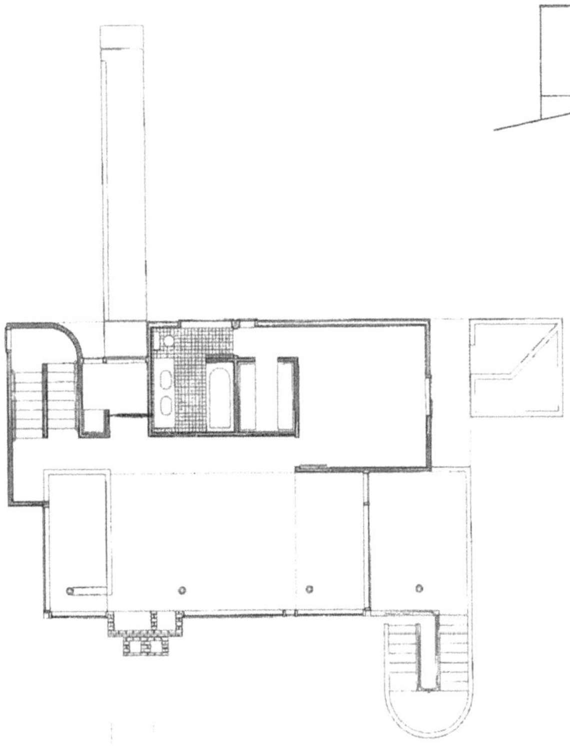

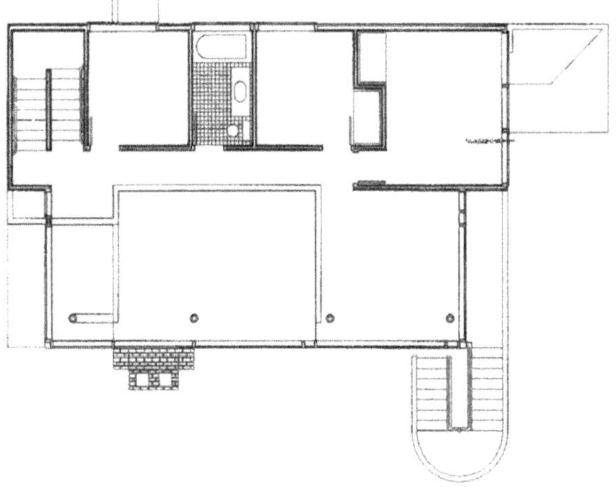

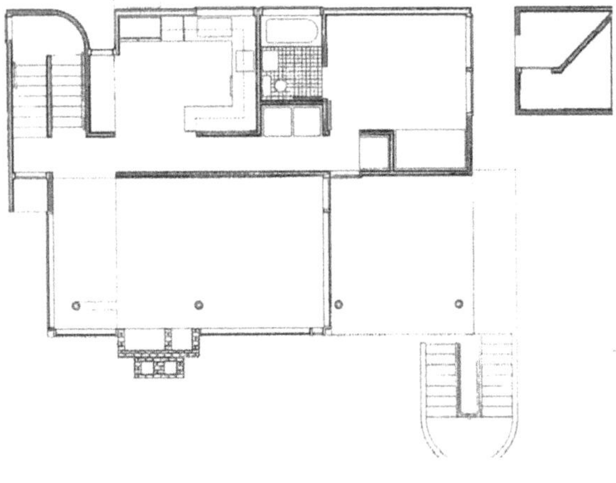

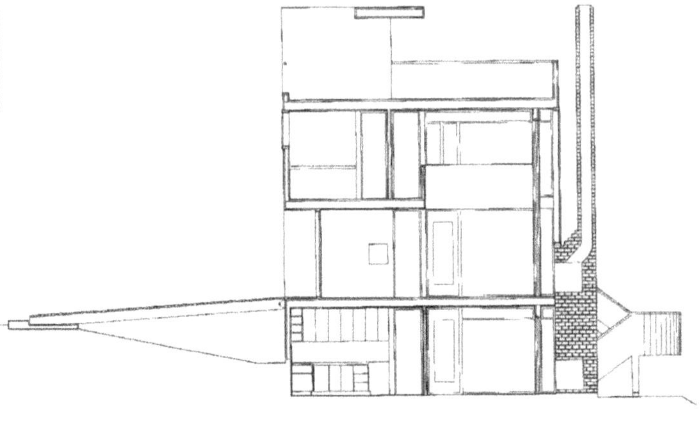

**Diener & Diener,
Bebauung Riehenring, Basel,
1982-85**

Der vorgestellte Grundriss ist Teil der Neubebauung eines halben Wohngevierts am Übergang des Stadtgefüges zum wenig definierten Gebiet des ehemaligen Güterbahnhofs der Deutschen Bundesbahn. Entlang den drei Strassen sind drei verschiedene Wohnungstypen angesiedelt, die auf den jeweiligen urbanen Charakter Bezug nehmen. Allen gemeinsam ist die Art der Strukturierung der Wohnungen. Die Individualnutzungen sind als eine Reihe gleich grosser, von tragenden Wänden umschlossener Räume entlang dem Innenhof angeordnet. Die gemeinsam genutzten Räume sind zur Strasse hin orientiert. Sie sind unterschiedlich und offener formuliert. In unserem Beispiel markiert eine Stütze das Zentrum dieses Bereichs. Zwischen ihr und den nichttragenden Wänden der Küche und der Sanitärräume entsteht ein spannender Dialog, der auf den unterschiedlichen Grad des Umstelltseins der Räume aufmerksam macht.

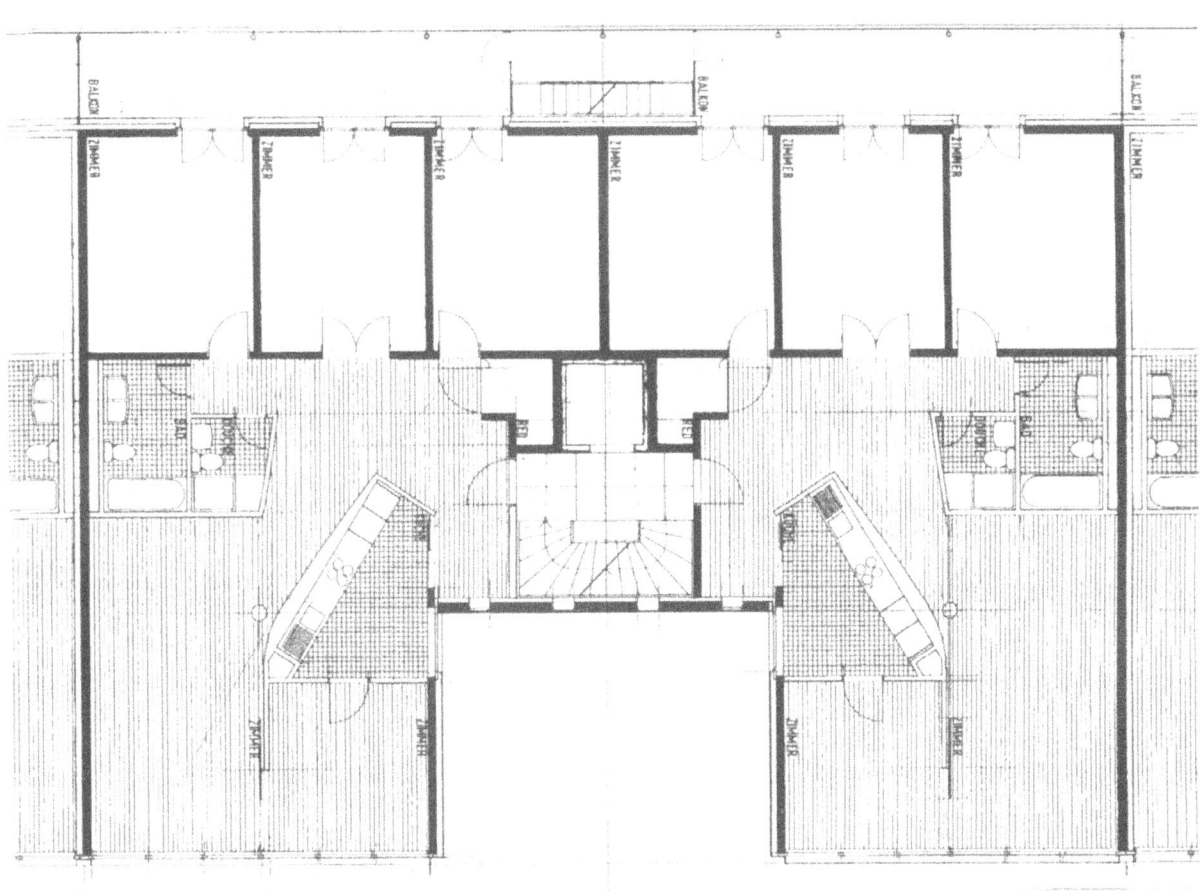

BAUSTRUKTUR UND RAUMEIGENSCHAFTEN

Um Raum abzugrenzen, benötigen wir raumdefinierende Elemente. Diese Elemente (Stützen, Wände, Brüstungen usw.) können dem Primär- oder Komplementärsystem angehören. Je nach Konstellation (resp. Organisation) dieser Elemente ergibt sich ein anderer Grad von Raumdefinition. Mit einer Bauweise beschreiben wir die prinzipielle Organisation der raumdefinierenden Elemente des Primärsystems. Die Bauweise beschreibt also keinen Raum, sondern ein Prinzip der Raumbildung. Demgegenüber benennen wir mit Baustruktur die konkrete Struktur einer Konstellation von raumdefinierenden Elementen. Architektonischer Raum ist als Typ einer Bauweise zugeordnet und hat in seiner individuellen Ausformung Baustruktur. Jede der drei Bauweisen hat ihre eigenen, typischen Baustrukturprinzipien, d.h., die Beziehung von Primär- und Komplementärsystem ist durch eine Bauweise grundsätzlich festgelegt. Indem die Baustruktur die raumdefinierenden Elemente in ihrer gegenseitigen Lagebeziehung ordnet und Dimensionen festlegt, bestimmt sie das Umstelltsein, die

BAUSTRUKTUR UND KONSTRUKTION

Nun liegt aber die Bedeutung der Baustruktur nicht nur in ihrer raumbildenden Eigenschaft. Wenn wir die Grundrisse der vorhergehenden Beispiele isometrisch umzeichnen und mit einer Balkenlage ergänzen, wird die technisch konstruktive Bedeutung der Baustruktur für Öffnungen und Decke klar ersichtlich. Die Bauweise entscheidet prinzipiell über die konstruktive Bedeutung einzelner oder des Zusammenspiels mehrerer Systemkomponenten. Zum Beispiel ist der konstruktive Zusammenhang zwischen Decke und Wand im Massivbau ein anderer als im Skelettbau. Oder der Massivbau produziert andere Öffnungen als der Schottenbau. Sinn und Wert des Baustruktur Denkens ergibt sich durch seine Brauchbarkeit im Entwurfsprozess. Die Baustruktur als Ordnung ist die Voraussetzung, damit überhaupt konstruiert werden kann, ohne dass Konstruieren Gefahr läuft, in einen bautechnischen Wildwuchs auszuarten.

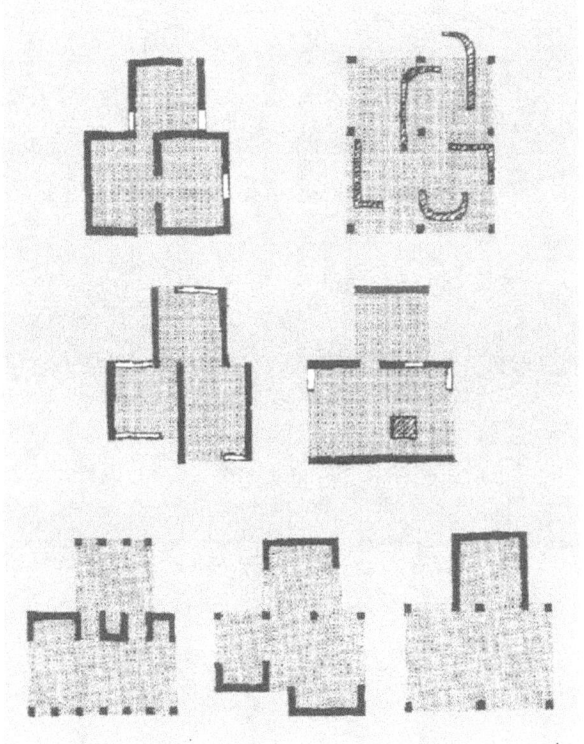 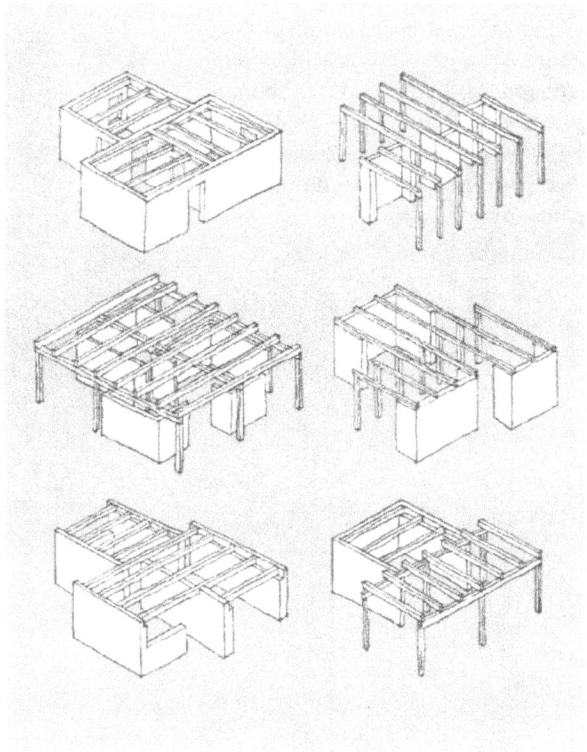

Grösse, die Form und die Gliederung eines oder mehrerer Räume: Durch die Konstellation der Elemente werden Raumeigenschaften hergestellt. Es ist einleuchtend, dass zwischen Raumeigenschaften und Nutzungsbedürfnissen ein direkter Zusammenhang besteht. Am Beispiel von drei zusammenhängenden Räumen soll gezeigt werden, wie durch die Wahl der Bauweise und das Ausbilden der Baustruktur architektonischer Raum unterschiedlich definiert werden kann: Es werden also unterschiedliche Raumeigenschaften hergestellt, die unterschiedliche Nutzungen differenziert ermöglichen oder anregen. Man sieht, dass die Konstellation der primären Elemente im Fall der reinen Typen räumlich nicht besonders ergiebig ist. Beim Entwerfen sind es darum die individuellen Ausformungen der raumdefinierenden Elemente und deren differenzierte Beziehungssetzung innerhalb einer konzeptuellen Gesamtordnung, welche uns interessieren müssen.

Baustruktur und Raumeingenschaften (linkes Bild):
In der oberen Reihe sind unsere Grundtypen dargestellt. Links oben der Massivbau: die raumdefinierenden Elemente werden ausschliesslich durch das Primärsystem gebildet. Komplementäre Elemente sind überflüssig. Für Öffnungen müssen die primären Elemente durchlöchert werden. Rechts oben ein Skelettbau mit ungerichteter Stützestellung: die Stützen als primäre (tragende) Elemente umstellen den Raum äusserst schwach. Der Grad der Raumdefinition wird fast ausschliesslich durch komplementäre (trennende) Elemente bestimmt, die, weil sie an keine Tragsystematik gebunden sind, Grösse, Form und Gliederung der Räume relativ unabhängig definieren. Die mittlere Reihe zeigt Schottenbauten: die Räume werden durch Elemente des Primär- (Schotten) und des Komplementärsystems (Brüstungen) definiert. In der untersten Reihe sind Varianten des rechten Schottenbaubeispiels dargestellt. Durch die Ausformung der primären Elemente entstehen weitere Ansätze zur Raumdefinition. Man sieht deutlich, dass bedingt durch den Grad der Auflösung und die Ausformung dieser Elemente sehr unterschiedlichsten Raumsituationen entstehen, obwohl die primären Element immer den selben Auflagerlinien folgen

Baustruktur und Konstruktion (rechtes Bild):
Als Beispiel ist der Zusammenhang zwischen Baustruktur, Öffnung und Decke dargestellt. Die Bauweise entscheidet prinzipiell über die konstruktive Bedeutung einzelner oder das Zusammenspiel mehrerer Systemkomponenten.

PRIMÄRSYSTEM UND DECKENSYSTEM

Vom tragwerkstechnischen Standpunkt lässt sich die Zugehörigkeit bestimmter Decken zu bestimmten Bauweisen, die sich in einem Primärsystem manifestieren, feststellen. Setzen wir die Regel, dass das Auflagerangebot eines Primärsystems für Deckenlasten nie ungenützt bleiben soll, kann eine solche Zuordnung eindeutig erfolgen. Es ist z.B. eindeutig, dass bei Verwendung von gerichteten Deckensystemen (z.B. einfache Balkenlage, Tonnengewölbe, Hourdisdecken, Stahlton-Deckenelemente etc.) eine Schottenbauweise entstehen möchte, bzw. keine Massivbauweise nötig ist, bzw. ohne die Hilfsmassnahmen von Unterzügen kein Skelettbau möglich ist. Umgekehrt ist offensichtlich, dass eine Schottenbauweise die Verwendung der genannten Deckensysteme bevorzugt. Eine Massivbauweise hingegen bietet Auflager für eine allseitig aufliegende Decke. Diese Gesetzmässigkeiten gelten auch bei den nicht orthogonalen Varianten der Grundtypen. Ein Massivbau kann z.B. kreisrund sein, Schotten können nicht parallel stehen und die Stützenstellung eines Skelettbaus kann

Erstreckt sich eine Decke über mehrere Felder ergeben sich aus der Auflagersystematik zwei grundsätzliche Verhalten:

- „Additives Verhalten": Jedes Feld wird als eine für sich abgeschlossene Einheit behandelt. Diese Darstellungen sind schematisch und unvollständig. Die Feldstösse müssten genau über der Mitte der tragenden Elemente liegen, und bei einer echten Tischkonstruktion wird jedes Feld unabhängig vom Nachbarfeld von vier Stützen getragen. Eine einspringende Ecke z.B. wird somit von drei Stützen gebildet. Zudem sind auch Pilztische mit Stützen in Feldmitte möglich.

- Integrales Verhalten: Das Deckensystem wird durch Zusammenwirken mehrerer Felder gebildet. Durch Ausnutzung des negativen Momentes über dem Auflager zwischen zwei Feldern kann das Feldmoment verringert werden; dünnere Decken sind möglich. Dieselbe Massnahme erlaubt es auch, Auskragungen zu machen.

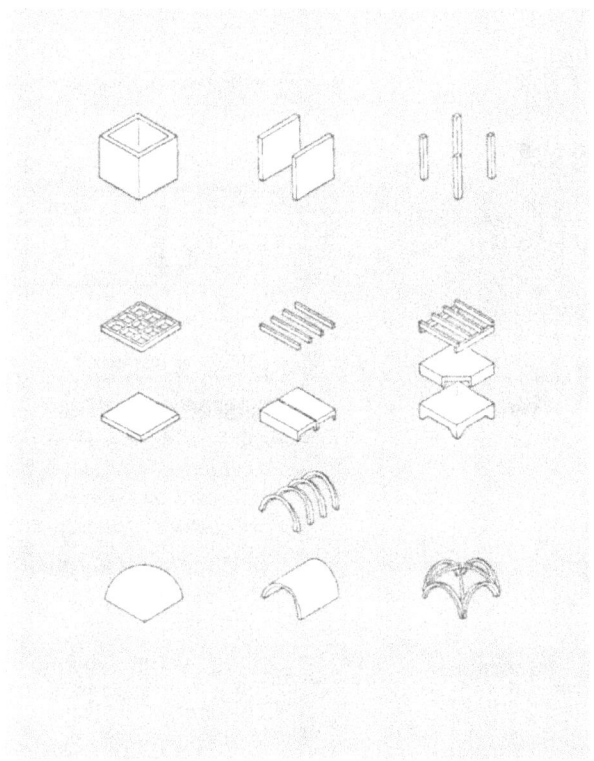 

unregelmässig sein. Die Zuordnungstendenz bestimmter Deckensysteme zu bestimmten Bauweisen ist evident. Sollte bei einem Massivbau aus Gründen des Nichtvorhandenseins oder der Nichtanwendbarkeit oder aus Gründen der nachträglichen leichteren Perforierbarkeit der Decke eine Balkendecke verwendet werden, „drückt" die Gesetzmässigkeit der Zuordnung von Deckensystem zu Primärsystem bei der Öffnungsbildung „durch": Eine Wand, welche keine Balkenauflager enthält lässt andere, z.B. breitere Öffnungen zu, als eine Auflagerwand, wo Öffnungen schmal zu werden tendieren, um die gleichmässige Abtragung der Lasten in der Wandfläche nicht zu stören.

Auflagersystematik von Decken über einem Feld (linkes Bild):
Der links dargestellten Massivbauweise entsprechen die ungerichteten Decken (von oben nach unten): Kassettendecke oder Balkenrost (Auflager allseitig, engmaschig, punktförmig), massive Platte (Auflager allseitig, linear), Kuppel (die Verbindung von Kuppel und Quadrat führt zum Stutz-, Pendentiv- oder Tonnengewölbe). Der mittig dargestellten Schottenbauweise entsprechen die gerichteten Decken (von oben nach unten): Balkenschar, U- und T-förmige Plattenelemente, Hourdisdecke, Bogenschar (Auflager zweiseitig, engmaschig, punktförmig), Tonnengewölbe (Auflager zweiseitig, linear). Der rechts dargestellten Skelettbauweise entsprechen die gerichteten oder ungerichteten Decken (von oben nach unten): Balkenschar auf Unterzügen, massive Platte auf Randträgern (auch Balkenrost), massive Pilzdecke, Kreuzrippen- und Kreuzgratgewölbe. Wir erkennen, dass ein gerichtetes Deckensystem in der Skelettbauweise der Einführung vermittelnder Unterzüge bedarf. Meist ist in diesem Fall auch die Stützenstellung gerichtet.

Auflagersystematik von Decken über mehreren Feldern (rechtes Bild):
Im oberen Teil des Bildes ist ein additives Deckenverhalten dargestellt und zwar von oben nach unten das Tragsystem, das Deckensystem (Balken oder Platten) und das Raumsystem (Zellen bei der Massivbauweise, Tunnels bei der Schottenbauweise und Tische bei der Skelettbauweise). Der untere Teil des Bildes zeigt das integrale Deckenverhalten für die Massivbauweise (Durchlaufwirkung allseitig, Auskragung allseitig möglich), die Schottenbauweise (Durchlaufwirkung einseitig, Auskragung einseitig möglich) und für die ungerichtete Skelettbauweise (Durchlaufwirkung allseitig, Pilzplatte mit allseitiger Auskragung). Beachte: Die gerichtete Skelettbauweise (mit Unterzügen) funktioniert wie Schottenbau und bei der Massivbauweise findet die völlige Internalisierung der Tragverhältnisse in der Deckenplatte statt.

Baugenossenschaften, kommunaler Wohnungsbau

Typische konstruktive Merkmale dieser Bauten sind gemauerte Wände und eine Holzbalkendecke. Diese Bauweise hinterlässt erkennbare Spuren im Grundriss. Die Mitteltragwand ist ein Beispiel dazu. Sie entsteht durch die Notwendigkeit die Balkenlage wirtschaftlich einzusetzen, d.h., den Holzquerschnitt der Balken gleichmässig auszunützen. Ein anderes Beispiel ist das Zusammenfassen von Treppen und Nassräumen, weil für deren Deckenkonstruktion Stein oder frühen Betonkonstruktionen verwendet wurden.

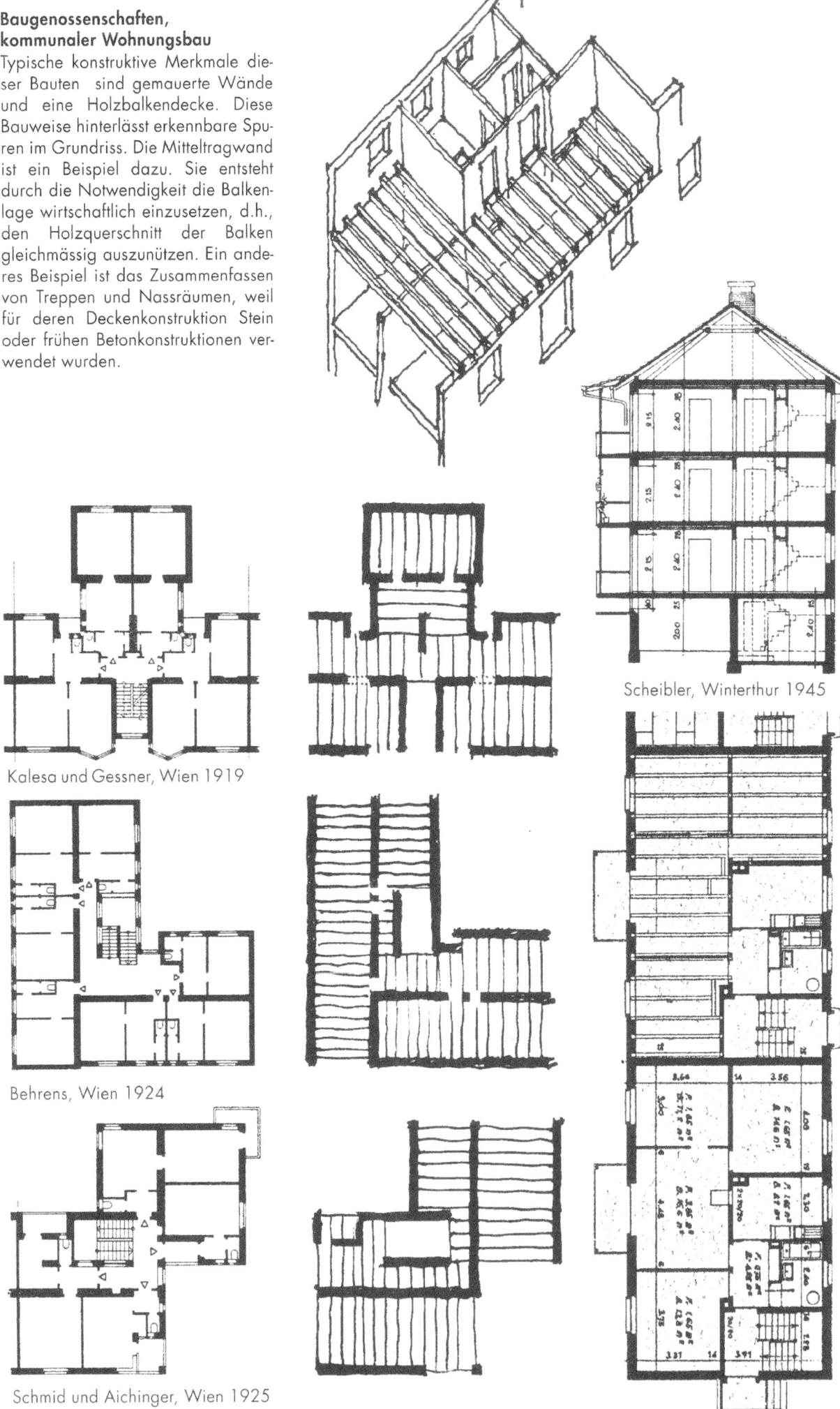

Kalesa und Gessner, Wien 1919

Behrens, Wien 1924

Schmid und Aichinger, Wien 1925

Scheibler, Winterthur 1945

**J. Gowan,
Wohnhaus, Hamstead, London,
1964**

„Der Bauplatz liegt nach Norden und blickt nach Hampstead West Heath. Schöne alte Bäume stehen besonders auf der Westseite, aber auch einige an der Strasse.

Das Haus enthält vier Geschosse. Die Diensträume sind im Untergeschoss, im Erdgeschoss die Wohnräume, die Eltern- und Gästeschlafzimmer im ersten Stock, Kinderzimmer und Studio im zweiten Stock. Die Geschossfluchten sind offen angeordnet, können aber an bestimmten Stellen durch Türen isoliert werden. Da die Aussicht nach Norden liegt, sind die Räume alle durchgehend nach Norden und Süden geöffnet. Das Haus ist nach einem einheitlichen Raster von drei Fuss aufgebaut, und die inneren Wände unterstreichen stets dieses Mass.

Bemerkenswert sind die Einbauschränke. Der Architekt und der Hausbesitzer, ein Holzbauingenieur, arbeiteten zusammen beim Design der Behälter aus gebogenen Sandwichplatten von Holz und Stahlblech." [54]

Das einheitliche Raster, der genaue Ort für Wände, Öffnungen und Deckenausschnitte wird durch das Mass der verwendeten Rippenplatten generiert.

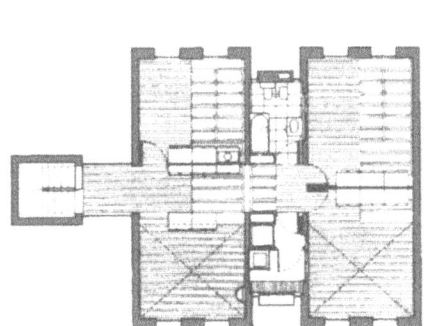

2. Obergeschoss

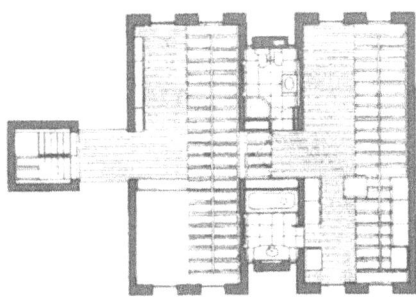

1. Obergeschoss

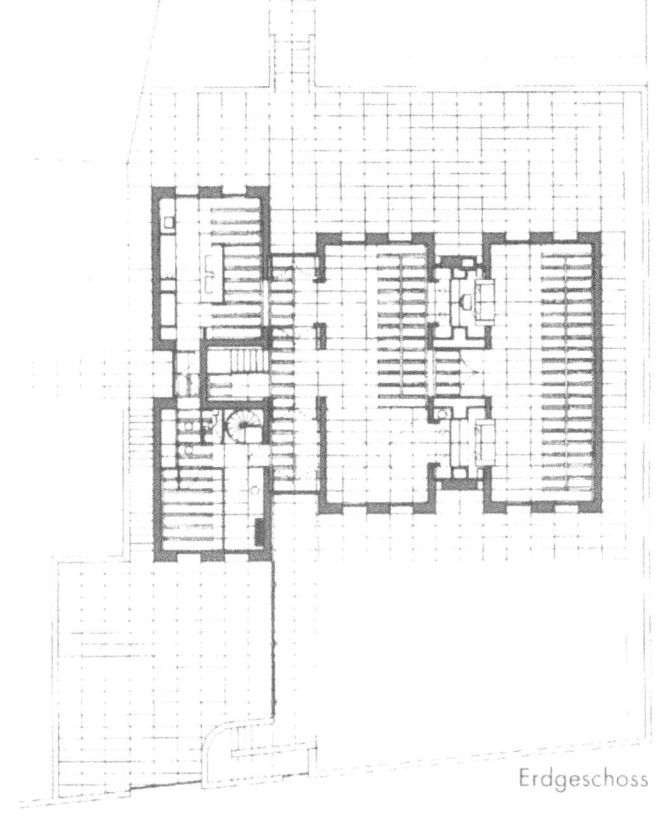

Erdgeschoss

VERTIKALE RAUMBEZIEHUNGEN

Im Bereich des mehrgeschossigen Bauens ganz besonders interessant ist die Fähigkeit von Deckensystemen Öffnungen zu bilden. Bei unseren Überlegungen gehen wir, wie bei der Darstellung der Beziehung zwischen Primärsystem und Deckensystem, von der möglichst vollständigen Ausnutzung der Möglichkeiten innerhalb der vorhandenen Tragwerke aus. Auch hier unterscheiden wir zwischen additiven und integralem Verhalten. Zudem beziehen wir auch die Möglichkeit mit ein, dass ein Deckensystem über seine Auflager hinaus auszukragen kann.

- Das Gesamte betreffend: Innerhalb der Grobstruktur lassen sich Öffnungen relativ einfach als Auslassungen – Lücken – von Deckenfeldern über einzelnen Räumen realisieren. Unsere drei typischen Bauweisen unterscheiden sich nur insofern, als dass wir es durch ihre Präferenz bezüglich der Auflagersystematik von Deckfeldern entweder mit gerichteten oder mit ungerichteten Deckensystemen zu tun haben, was wiederum Lage, Richtung und Grösse der möglichen Lücken beeinflusst. Dient die Öffnung zur Erschliessung von Räumen, so wird insbesondere die Möglichkeit von Auskragungen zur Aufnahme horizontaler Erschliessungszonen entlang der von Geschoss zu Geschoss übereinanderstehenden Tragelemente wichtig sein.

- Den einzelnen Raum betreffend: Für die Diskussion der Anordnungsmöglichkeiten von Öffnungen innerhalb der Feinstruktur beziehen wir auch die Möglichkeit, Auswechslungen zu bilden, ein, obwohl dadurch immer Verluste an Tragfähigkeit entstehen, bzw. die benötigten Dimensionen nicht voll verwertet werden. Balken und Kleinplatten dienen uns dabei als Beispiel eines gerichteten Deckensystems, während die Flachdecke ein ungerichtetes Deckensystem repräsentiert. Wir sehen, dass wir die konfliktfreiste Lösung erhalten, wenn wir alleine mit der Auslassung einzelner Elementen innerhalb der Systematik des Systems auskommen. Die Öffnung verhält sich z.B. gleich wie eine Füllung zwischen den Balken. Bei allen anderen Anordnungen der Öffnungen erfordert das Deckensystem mehr oder weniger starke Anpassungen mittels Wechseln, Unterzügen oder sekundären Auflagern. Bei der ungerichteten Flachdecke ist der günstigste Ort Öffnungen anzuordnen nicht so offensichtlich darzustellen, wie bei einem aus einzelnen Elementen bestehenden System, da das Tragwerk der Decke für uns unsichtbar in der Deckenplatte internalisiert ist. Wir können aber aussagen, dass sich hier bedingt durch das ungerichtete Tragverhalten schlitzartige Öffnungen ungünstiger Auswirken als quadratische Aussparungen. Betrachten wir mehr als nur ein Deckenfeld gleichzeitig – integrale Lösung – können einige der aufgezeigten Konfliktpunkte durch eine Auskragung vom benachbarten Deckenfeld her gelöst werden.

Vertikale Raumbeziehungen:
Im oberen Bildteil: Lücken in der Grobstruktur. Die Öffnung lässt sich konfliktfrei ins Tragwerk integrieren. Im mittleren Bildteil: Öffnungen in der Feinstruktur. Unterschiedliche Auswirkugen auf gerichtete (Balken, Kleinplatten) und ungerichtete (Flachdecke) Deckensysteme. Linke Spalte: Kein Konflikt mit der Systematik des Deckensystems. Mittlere Spalte: Der entstehende Konflikt wird mit einer Auswechslung gelöst. Rechte Spalte: Zur Lösung des grossen Konfliktes werden Wechsel oder zusätzliche Auflager benötigt. Im unteren Bildteil: Zwei Beispiele zur Auswirkung der Anordung einer Treppe in einer Balkenlage. Links liegt die Treppe konfliktfrei in der Balkenlage. Die Öffnung verhält sich gleich wie eine Füllung zwischen den Balken. Rechts bedingt die Anordnung der Treppe, dass ein Treppenloch mit Hilfe von zwei Wechselbalken in die Balkenlage „geschnitten" wird.

HORIZONTALE RAUMBEZIEHUNGEN

Es ist die Öffnungshaltigkeit einer Bauweise, welche eine grundlegende Raumeigenschaft, das Umstelltsein, prägt. Die Öffnungshaltigkeit ist sozusagen ein Mass für räumliche und organisatorische Bezüge. Im Innern bestimmt sie die Transparenz, d.h. die Mehrdeutigkeit räumlicher Bezüge. Nach aussen entwirft sie im Prinzip das Bild der Fassade. Was uns zunächst interessiert ist das Öffnungsverhalten der primären Elemente einer Bauweise. Wir unterscheiden dabei zwei Sorten von Öffnungen: Lücken zwischen und Löcher in den raumdefinierenden Elementen. Unsere drei typischen Bauweisen müssen auf Grund ihres Tragverhaltens und ihrem Anteil an der Raumdefinition unterschiedlich auf die Anforderung Öffnungen zuzulassen reagieren.

- Massivbauweise mit im Prinzip wenigen und kleinen Öffnungen, die, um das Tragverhalten wenig zu stören, dazu tendieren, eher schmal und aufrechtstehenden zu sein.

sten die Gelegenheit eine Öffnung entstehen zu lassen. Jede Fuge bietet an sich einen architektonischen und konstruktiven Anlass zu Öffnungen. Die wichtigsten Punkte im vertikalen Aufbau des Bauwerks sind dabei:
- Fuge zwischen Sockel und Dach
- Fuge zwischen Dach und Wand
- Fuge zwischen Wand und Sockel

Auch im horizontalen Aufbau eines Gebäudes, d.h. im Grundriss, gehören neben den materiellen Elementen auch die Lücken zum System der Raumbegrenzung. Die Lücken, und wenn sie nur Fugen sind, sind ja Ausdruck einer Bestimmungsgrösse für das Umstelltsein. Sie sind eine Aussage über die gegenseitige Lagebeziehung der raumdefinierenden Elemente.

Während Lücken aus der Beziehung der Elemente – hauptsächlich der primären – zueinander entstehen, ergeben sich Ansätze zu Löchern aus dem Detailaufbau der Elemente. Die Öffnungen stehen in diesem Fall in engem Zusam-

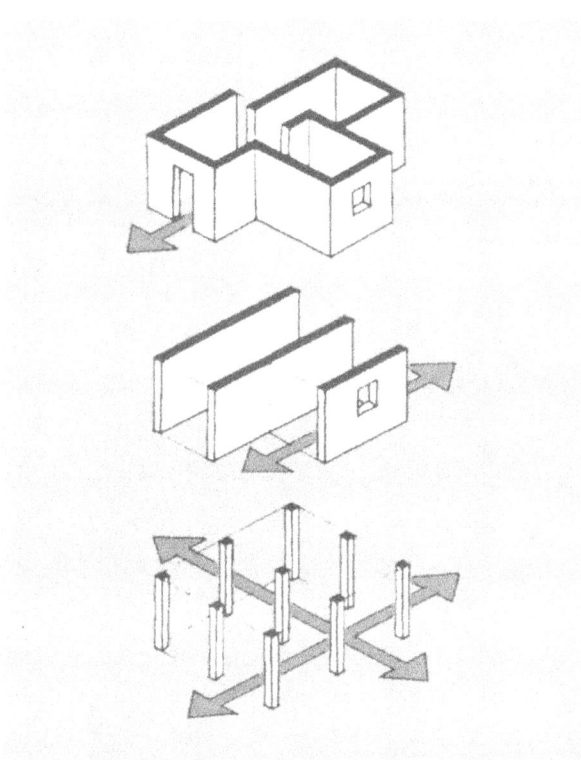 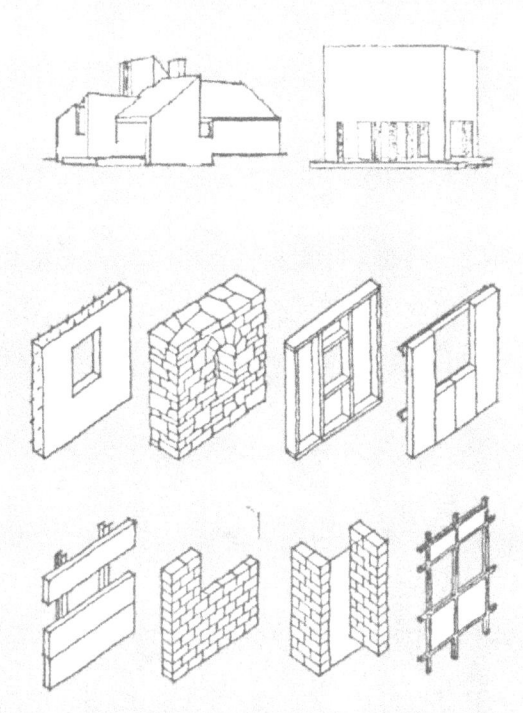

- Skelettbauweise mit mehr Lücken als raumdefinierenden Elementen, darum nahezu keine Behinderung der Bewegungsrichtung durch Primärteile. Raumdefinition und damit auch Öffnungsbildung wird muss von komplementären Elementen übernommen werden.

- Schottenbauweise. Ihr Öffnungsverhalten entspricht für die einzelnen Schotten dem der Massivbauweise. Für die Lücken zwischen den Schotten entspricht es dem der Skelettbauweise. In einer Richtung besteht also keine Behinderung der Bewegungsrichtung, während in der anderen Öffnungen erforderlich sind wie bei der Massivbauweise.

Neben den „primären" a priori Öffnungen, welche das Primärsystem bereithält finden wir im feineren Aufbau der Konstruktion eines Bauwerks weitere Ansätze zu Öffnungen. So bietet jeder Übergang von einem Bauteil zum benachbarten Bauteil oder von einem Material zum näch-

menhang mit der Materialisierung der primären oder komplementären Elemente. Es lassen sich ähnliche Betrachtungen zu Lage, Form und Grösse der Öffnungen und deren Auswirkung auf das Wandsystem anstellen, wie bei den Deckensystemen. Was bei der Decke die Nutzlast ist, ist z.B. bei der Fassade die Windlast. Bei tragenden Wänden zusätzlich ist das Überbrücken der Öffnung mit einem Sturz.

Horizontale Raumbeziehungen (linkes Bild):
Unsere drei typischen Bauweisen reagieren auf Grund ihres Tragverhaltens unterschiedlich auf die Anforderung Öffnungen zuzulassen. Oben: Massivbauweise wenigen und kleinen Öffnungen. Mitte: Das Öffnungsverhalten der Schottenbauweise enstspricht in der einen Richtung der Massivbauweise, in der anderen demjenigen der Skelettbauweise. Unten: Skelettbau mit mehr Lücken als raumdefinierenden Elementen – also keiner Behinderung der Bewegungsrichtung durch das Primärsystem.

Wandöffnungen (rechtes Bild):
Ohnehin vorhandene Fugen zwischen Bauteilen wie Sockel und Dach, Dach und Wand oder Wand und Sockel bieten architektonische und konstruktive Anlässe zu Öffnungen. Innerhalb der Wand lassen sich ähnliche Betrachtungen zu Lage, Form und Grösse von Öffnungen und deren Auswirkung auf das Wandsystem anstellen, wie bei den Decken.

STEILDACH UND BAUSTRUKTUR

Die Systematik des Dachstuhls dirigiert den Entwurf der darunterliegenden Baustruktur, indem – abhängig vom gewählten Dachstuhltyp – an ganz bestimmten Punkten Kräfte auf die Tragstruktur abgegeben werden müssen. Der Ort dieser „Übergabepunkte" wird bestimmt durch die Dachneigung, die Spannweite der Sparren und den Binderabstand (Spannweite der Pfetten).

Die Beziehung von Dachkonstruktion und Tragwänden ist nicht für jeden Dachstuhltyp dieselbe. Für den einfachsten und variationsfähigsten stehenden Pfettenstuhl ist die Bindung an die Stellung der Tragwände am stärksten, in dem unter allen Schnittpunkten von Pfetten- und Binderachsen Auflagerpunkte vorhanden sein müssen. Im Fall des hängenden Pfettenstuhls sind nur Auflagerpunkte unter den Schnittpunkten der Fusspfetten mit den Bindern nötig. Der ganze Innenraum ist freigestellt.

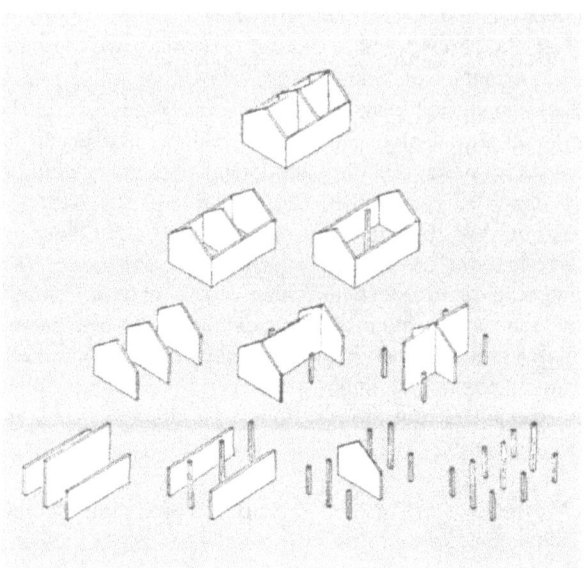

Steildach und Baustruktur (Bild oben):
Die Bindung von Auflagerpunkten an Pfetten- und Binderachsen beeinflusst den Entwurf der Baustruktur.
Dachstuhltypen und Tragstruktur (Bild unten):
1. Zeile: Sparrendach mit Kehlbalken. Lineare Auflager für die Dachbinder nötig (ragende Wände an den Traufen). Innere Tragwände reduzieren die Stärke des Bundbalkens. Ihr Standort kann relativ unabhängig gewählt werden.
2. Zeile: Pfettendach, stehender Stuhl. Ein Raster von Auflagerpunkten entsteht an den Schnittpunkten der Pfetten- mit den Binderachsen.
3. Zeile: Pfettendach, liegender Stuhl. Auflagerpunkte an den Traufen, jeweils auf den Binderachsen. Innere Tragwände siehe Sparrendach. Fehlt ein Bundbalken, sind geeignete Massnahmen zur Aufnahme der horizontalen Schubkräfte zu treffen
4. Zeile: Pfettendach, Hängewerk. Auflagerpunkte an den Traufen jeweils auf den Binderachsen. Der aufgehängte Bundbalken macht innere Tragwände (siehe Sparrendach und liegendes Pfettendach) unnötig.

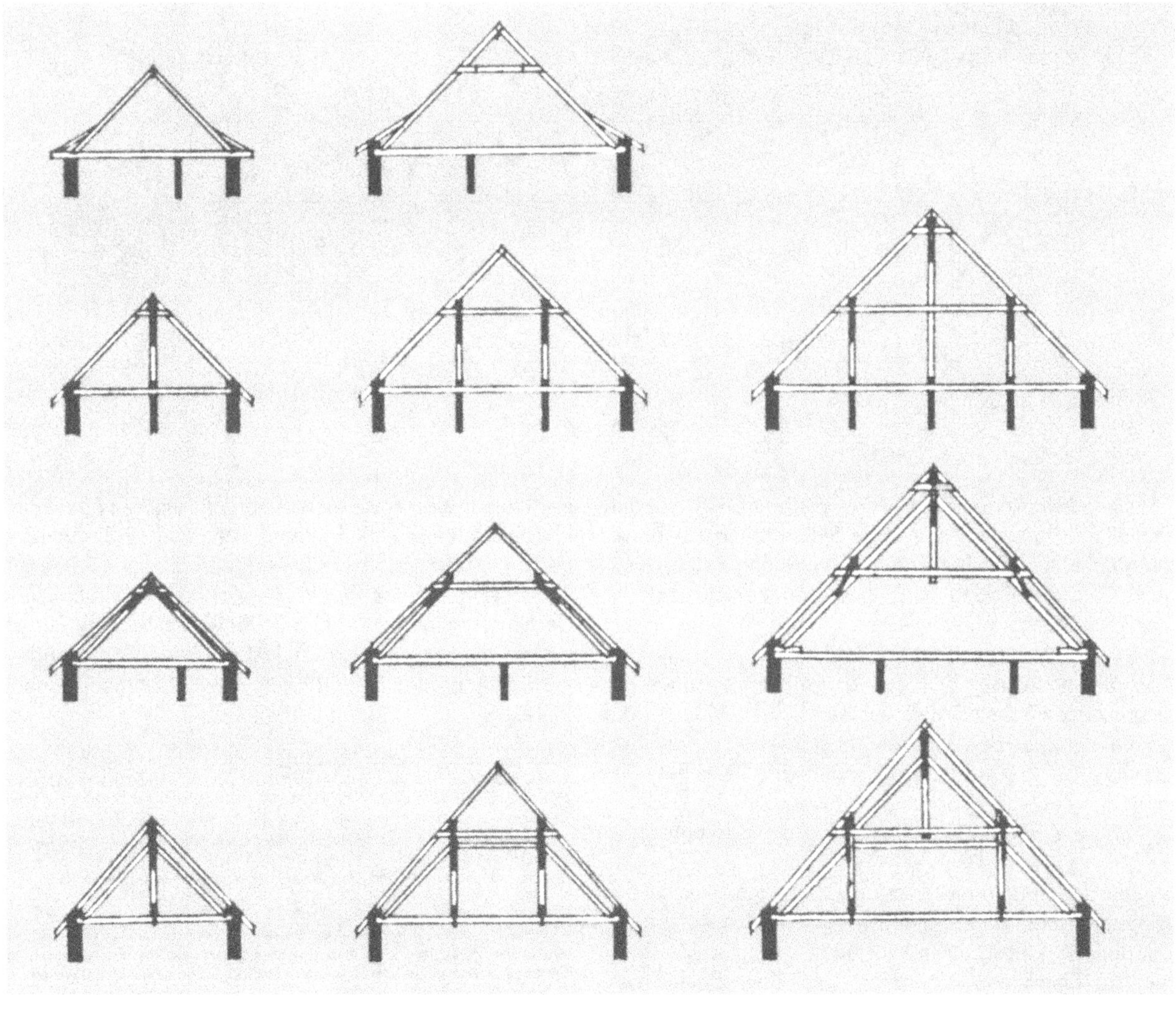

**D. Schnebli,
Casa Wolk, Magliaso,
1977**

Die uns wahrscheinlich alle faszinierenden räumlichen Qualitäten ruraler Baustrukturen aus dem oberitalienischen Raum waren Thema des Entwurfs für dieses Wohnhaus. Drei Säulenreihen tragen auf direktem Weg First- und Traufpfetten des Dachs. In diese Säulenordnung eingeschrieben, finden sich im Erdgeschoss einerseits kleinteiligen, durch Wände abgetrennten Räume und andererseits ein bis unters Dach reichender Wohnraum mit Galerie. Von der Galerie aus zugänglich ist auch der offene Raum unter dem Dach.

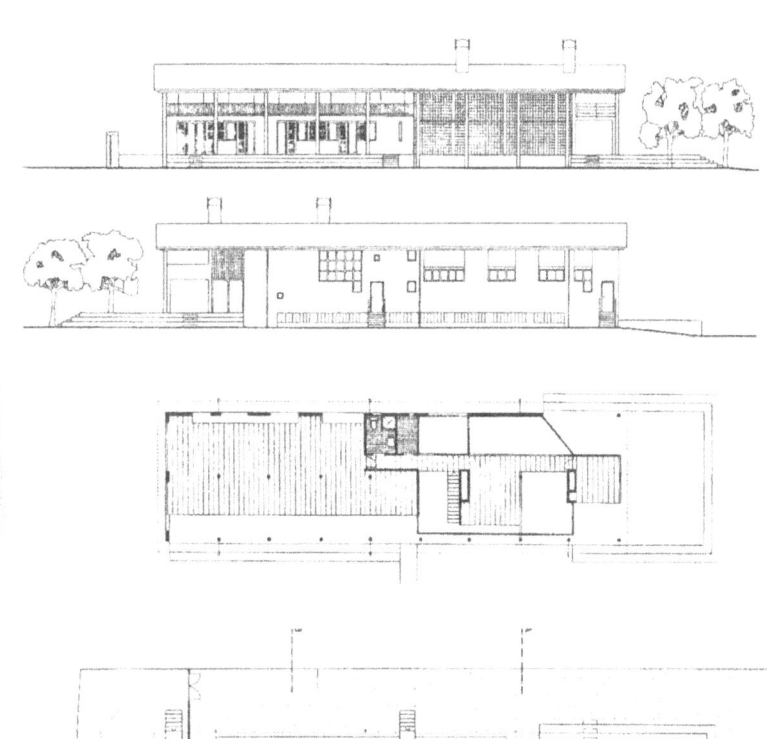

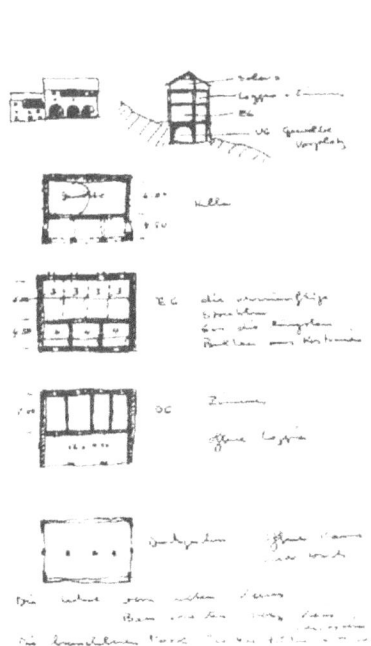

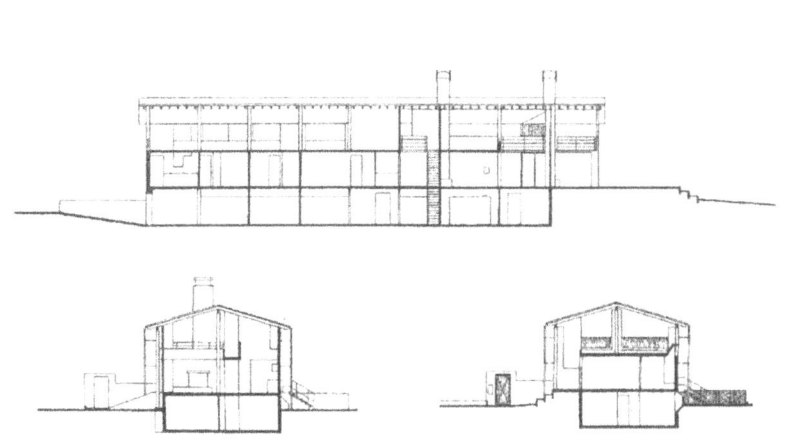

MEHRGESCHOSSIGKEIT

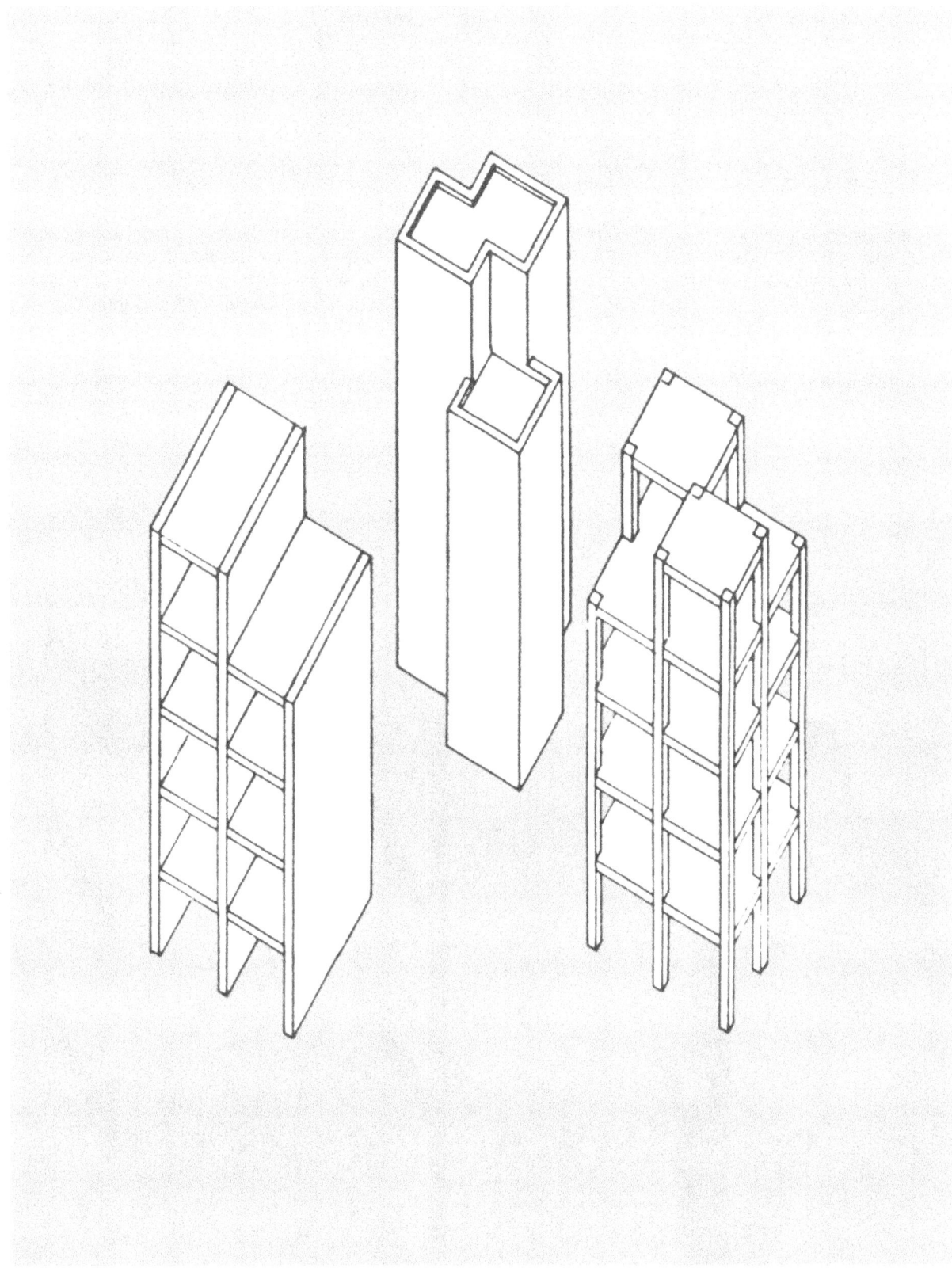

Mehrgeschossigkeit entsteht durch das Aufeinanderschichten mehrerer Geschosse. Jede der im vorhergehenden Kapitel behandelten Zuordnungseinheiten einer Wandkonstellation mit einer Deckenkonstruktion kann nun als ein Element für die Bildung eines mehrgeschossigen Systems gelten. Es ist leicht ersichtlich, dass in einem solchen mehrgeschossigen Gebilde der Ordnung der vertikalen Elemente – Stützen und Wände – besondere Bedeutung zukommt. Die Forderung des erfahrenen Praktikers: „Die Wände müssen übereinander stehen", leitet sich ab aus den Bedingungen des möglichst direkten, umweglosen vertikalen Transports der sich über die Stockwerke summierenden Lasten. Ausgehend von dieser Erkenntnis wird Entwerfen im mehrgeschossigen Problembereich leicht vorwiegend zu einer „Wandorganisation" und die Gefahr besteht, dass der Bau wirklich nur noch als ein Auftürmen von gleichen Geschossen mit gleicher Wandanordnung verstanden wird, d.h., dass vom Raumpotential mehrgeschossiger Anlagen kein Gebrauch gemacht wird. Um dieser Gefahr des „eindimensionalen" Verhaltens eim Entwerfen mehrgeschossiger Bauten zu begegnen, werden in den folgenden Abschnitten typische Problem mehrgeschossiger Bauten diskutiert.

MEHRGESCHOSSIGE TRAGWAND

- Technisches System: Die konstruktive Problemstellung der nach unten zunehmenden Lasten in einer mehrgeschossigen Tragwand kann zu Lösungen führen, welche dem Sachverhalt der Mehrgeschossigkeit keinen architektonischen Ausdruck geben. Dazu stehen uns eine Anzahl von Materialien und Techniken zur Verfügung: Kombination von Steinsorte und Mörtelmischung im Mauerwerksbau; Mischen von Mauerwerkswänden und z.B. Betonwänden, um ungleiche Belastungen aufzufangen; Variieren des Armierungsgehaltes in Stahlbetonwänden und Stützen; Variieren der Wandstärke bei Stahlprofilen

- Visuelles System: Anstelle des Gebrauchs von „internen", technologischen Mitteln besteht die Möglichkeit, den Wand- oder Stützenquerschnitt nach Bedarf zu dimensionieren und damit die zunehmende Belastung sichtbar zu machen.

GEBÄUDEFORM

Nicht nur durch die Addition vertikaler Lastkomponenten werden die Aussenwände mehrgeschossiger Häuser ungleich beansprucht, sondern auch durch laterale Belastung infolge Wind- und Erdbeben. Diese Belastungsart hat in der Architekturgeschichte ebenfalls wesentliche Spuren erzeugt. Es ist zu beachten, dass besondere Gebäudeformen infolge Wind- und Erdbebenlasten entweder bei extremem Belastungsrisiko und/oder bei grosser Gebäudehöhe. bzw. niedrigem bautechnischem Niveau entstehen. Die charakteristische Zikuratform der Wolkenkratzer, die nach den 30iger Jahren bis nach dem 2. Weltkrieg gebaut wurden, ist sowohl auf „Windbracing and Swaybracing" wie auf die Bauordnung, z.B. New York Building Zone Resolution, zurückzuführen, welche vorsah, dass Bauten nach oben hin gegenüber der Baulinie zurückspringen müssen, um die Belichtung der unteren Räume sicherzustellen.

Links: Von alters her pflegten die Mauern von Gebäuden in den unteren Geschossen dicker zu sein als oben, was unter anderem zu verschiedenen Laibungstiefen führt.
Mitte: Zeigt schematisch die entsprechende Lösung in der Philipps Exetet Library, New Haven von L. I. Kahn, 1969–72: die Breite der Mauerpfeiler nimmt nach oben ab, die Breite der Öffnungen nimmt zu.
Rechts: Zeigt schematisch eine bei Fabrikbauten (z.B. alte Schuhfabrik der Bally AG in Schönenwerd) oft verwendete Aussenwand: der Pfeilerquerschnitt nimmt von Geschoss zu Geschoss nach aussen hin zu. Geschoss- und Fensterfläche bleiben konstant.

Pasamella+Klein,
Twin Parks West, New York

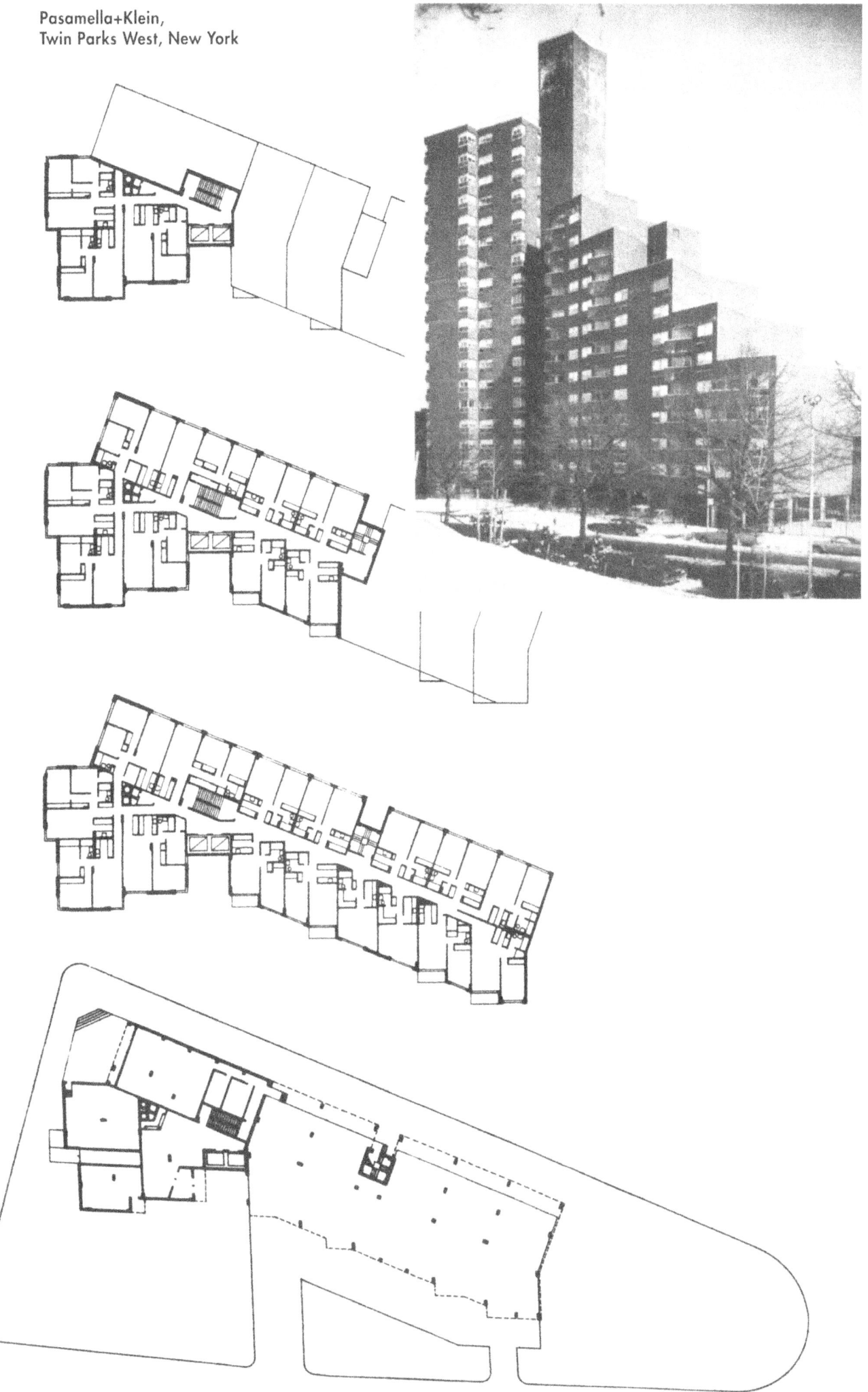

VOLUMENGLIEDERUNG

Homogene Nutzung eines Gebäudes wie z.B. nur wohnungsartige Nutzung oder nur büroartige Nutzung, oder anders ausgedrückt, Nutzungen, welche von der Raumgrösse bzw. den geforderten Minimalspannweiten her relativ einheitliche Anforderungen stellen, sind durch Stapelung der gleichartigen Räume entwerferisch leicht handhabbar. Das Stapeln von Dreizimmerwohnungen, Büros, Hotelzimmern, Schulzimmern ist eines der meist angewendeten operativen Prinzipien des Entwerfens – bewusst oder unbewusst. Daher rührt auch die „Klassische" Reaktion des Entwerfenden, bei Heterogenität des Bauprogramms sofort eine Ausscheidung nach stapelbaren und nicht stapelbaren Nutzungen vorzunehmen. Ein etwas differenziertes Verhalten besteht darin, nicht nur nach einer solchen Grobunterscheidung zu verfahren, sondern überhaupt eine Gruppierung nach Nutzungsbedingungen vorzunehmen. Wir sprechen in diesem Zusammenhang von der Teiligkeit der Nutzung. Naheliegend sind etwa die Aussortierung von Nutzungen nach Bodenbelastung, nach Installationsbedarf, nach Tageslichtbedarf, Erschliessungsbedarf etc. Probleme der Stapelbarkeit erzeugten in der Architekturgeschichte eine Reihe von Prototypen, deren einige hier angeführt seien.

BAUSTRUKTURGLIEDERUNG

Heterogenität der Nutzung kann nicht immer durch Volumengliederung aufgefangen werden, wie das in den drei vorangegangenen Beispielen gemacht wurde. Auf die verschiedenartige Körnung der Nutzung muss oder kann auch mit der Baustruktur reagiert werden. Die Teiligkeit des Nutzungsprogramms veranlasst uns, beim Entwerfen die Baustruktur als ganzes entsprechend zu gliedern. Wir begreifen das Tragsystem nicht nur stockwerksweise, sondern in seinem Gesamtzusammenhang über alle Stockwerke. Indem wir unter dieser Prämisse entwerfen, entsteht nicht nur die Möglichkeit, den Kräfteverlauf in den tragenden Elementen (vertikale und horizontale) in allen Richtungen besser zu verstehen und zu disponieren, es liegt darin auch eine Methode, das räumliche, architektonische Potential des Tragsystems zu erkennen und zu nutzen. Es versteht sich von selbst, dass eine solchermassen differenzierte Baustruktur ihre formale Entsprechung in der Fassade haben kann. Die nachfolgenden Beispiele demonstrieren diesen Sachverhalt.

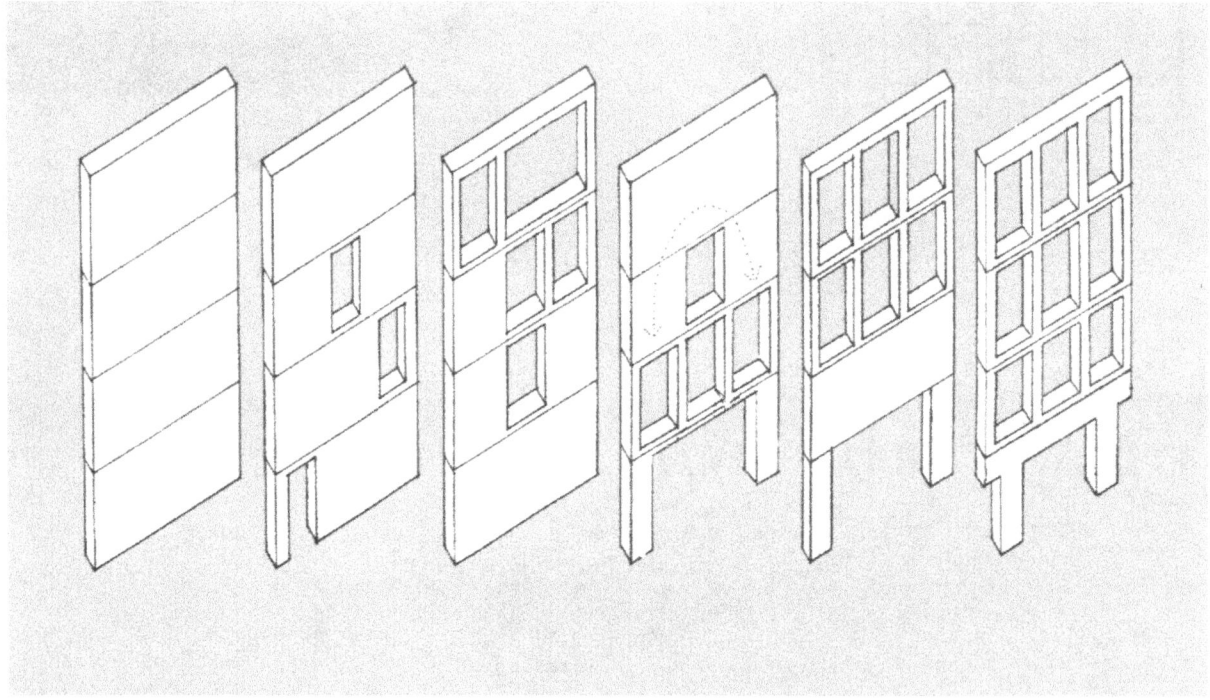

Bild rechts:
Als ein mehrgeschossiges Gebilde brauchen Schottenkonstruktionen noch eine Windaussteifung in Richtung senkrecht zu den Schottenwänden. Dies ist möglich durch eine Verbindungswand, welche nicht über die ganze Stockwerkshöhe zu reichen braucht, oder durch Rippen in den Schottenwänden. Das gleiche gilt analog für Skelettkonstruktionen.

Bild unten (von links nach rechts):
Schottenwand ohne Beeinträchtigung des Tragvermögens durch Löcher oder andere Störungen. Das Tragvermögen ist Funktion des verwendeten Materials, der Wanddicke und der Schlankheit.
Löcher in der Wand: Stürze oder Sturzbögen lenken die Lasten um die Löcher herum. Bei schmalen und nicht zu häufigen Perforationen nur geringe Beeinträchtigung des Tragvermögens (vergleiche T. Scarpa, Haus in Trevignano)
Nach unten hin summierende Lasten legen es nahe, eine durch die Nutzung notwendige Auflösung der Wand in Pfeiler und Stützen nach oben hin vorzunehmen, also etwa: Grosse Räume nach oben zu verlegen.
Auflösung der Wand nach unten, eine Forderung die oft dadurch entsteht, dass im EG-Bereich grossräumige Nutzungen liegen müssen. Die Wand über den Stützen und Pfeilern wird zur Verteilung der Lasten, hier annähernd in Gewölbeform, ausgebildet
Wechsel der Nutzung mit verschiedenen Tragwerksbedürfnissen oben und unten:
durch Ausbildung des Zwischengeschosses als Träger, sofern dort eine entsprechende Nutzung liegt (z.B. Installationsgeschoss)
durch Tisch- oder Bock-Konstruktion (vergleiche: Le Corbusier, Unité d'Habitation in Marseille und H. Brechbühler, Gewerbeschule in Bern).

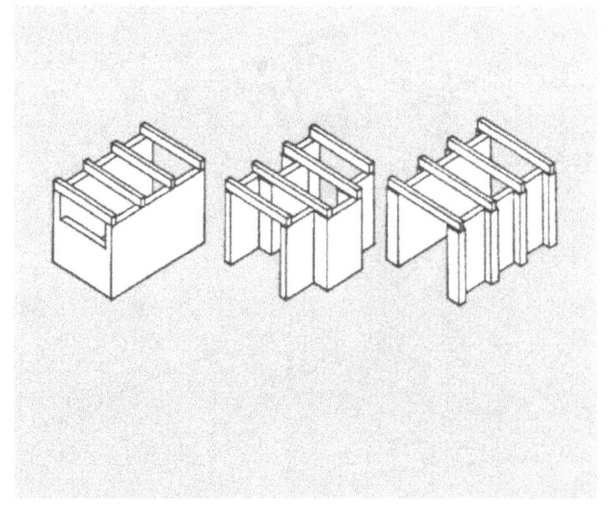

**J. Stirling,
Leicester University Engineering
Building, 1959-63**

Die Büros des Forschungspersonals und kleine Laboratorien sind in zwei Türmen zusammengefasst, die durch Treppe und Lift miteinander verbunden sind. Ein Wassertank zur Versorgung hydraulischer Experimente bestimmte Höhe und Tragstruktur des Büroturms. Auditorien und Garderoben liegen im Sockelbereich. Der mit einem Industriedach überspannte Werkstättentrakt wird durch einen weiteren Baukörper abgeschlossen, in dem sich kleinere Werkstätten über den Technikräumen stapeln. Die Erschliessung der Anlage erfolgt hauptsächlich über Treppen und Rampe, da bedingt durch das geringe Budget nur ein Lift vorgesehen werden konnte.

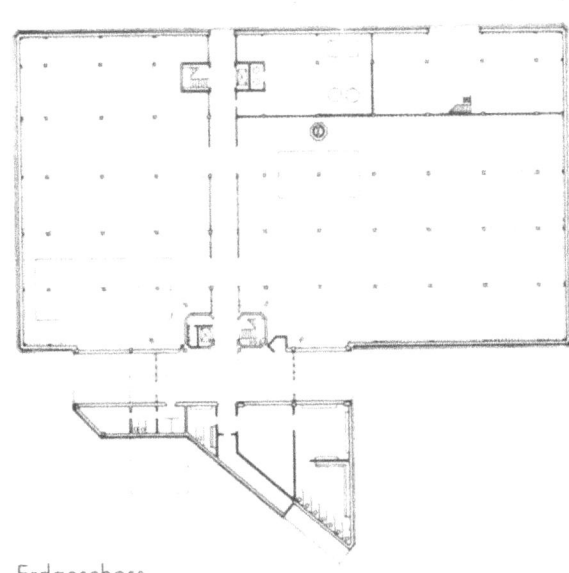

Erdgeschoss

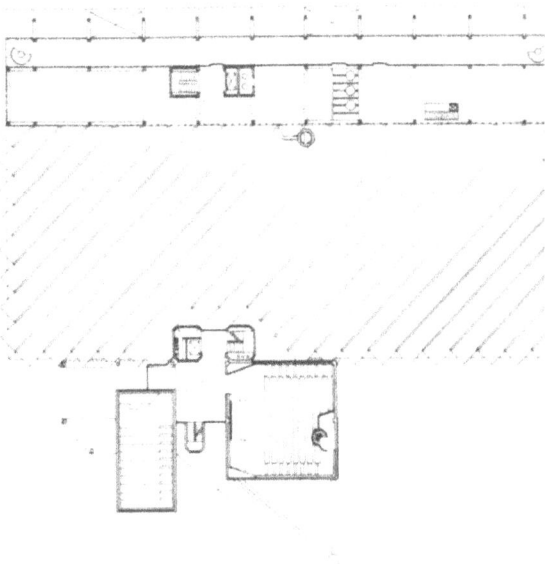

2. Obergeschoss

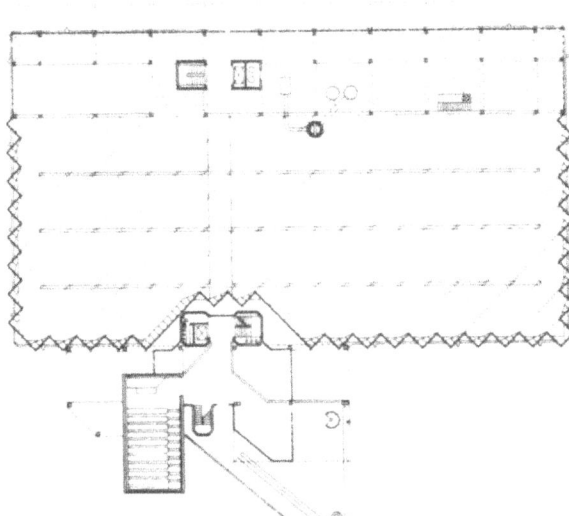

1. Obergeschoss

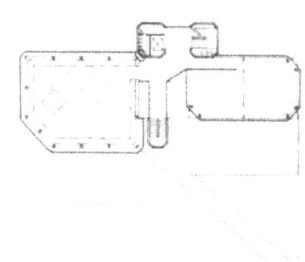

3. - 6. Obergeschoss: Büros und Labors

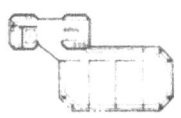

5. - 8. Obergeschoss: Büroturm

W. Aebli, B. Hoesli,
Druckerei Zollikofer, St. Gallen, 1968

Alle vertikalen Leitungen, die Hauptaufzüge, Treppen und Lüftungszentralen wurden in einem vertikalen Erschliessungstrakt angeordnet. Gegen das gleichmässige Nordlicht orientiert, schliessen sich an diesen die drei betrieblichen Hauptteile – Lager, Setzerei und Druckerei – in der Art dreier, grosser auskragender Ebenen an. Nach Süden und Westen orientiert liegt der Bürotrakt.

Die 40 cm dicken, für eine Nutzlast von 1'500 - 2'000 kg/m² berechneten Geschossdecken des Fabrikationstraktes sind ohne Träger oder Verstärkungen über den Stützabstand von 8 x 8 m gespannt. Die vorgehängte Aluminiumfassade ist vollständig verglast. Im Gegensatz dazu stehen der massive Erschliessungstrakt und der Büroteil, dessen Aussenwände aus Isoliermauerwerk bestehen, dem eine Aussenhaut aus 15 mm dicken, naturgrauen und leicht geschliffenen Asbestzement-Platten vorgehängt wurde.

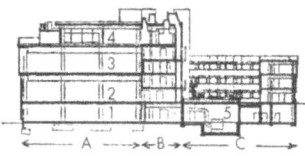

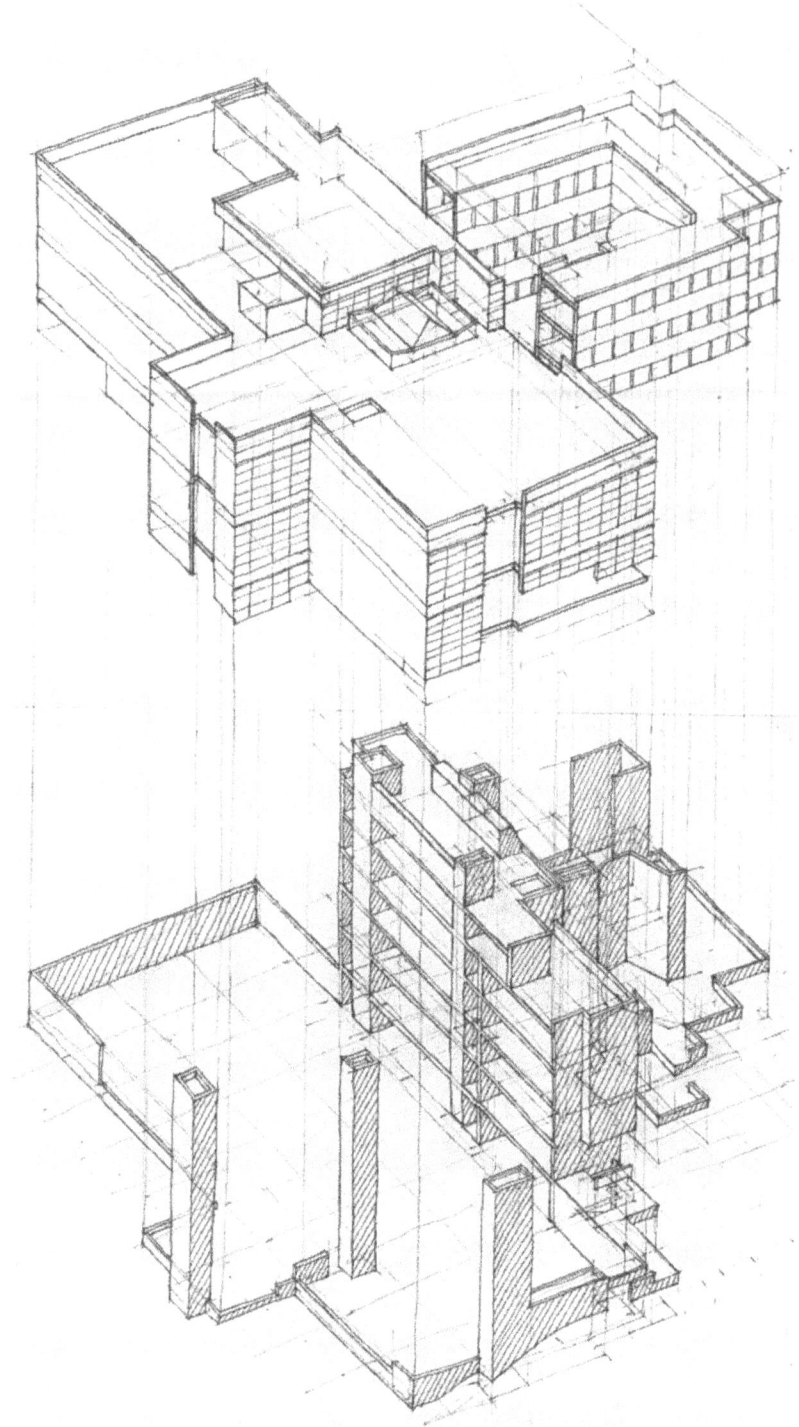

A Fabrikationstrakt
B Technischer Zwischentrakt
C Bürotrakt
1 Lager
2 Druckereigeschoss
3 Setzereigeschoss
4 Dachgeschoss mit Restaurant
5 Heizzentrale
6 Büros
7 Innenhof
8 Eingangshalle
9 Eingang Administration
10 Eingang Betrieb
11 Buchbinderei
12 Spedition
13 Rotation
14 Akzidenz
15 Tagblatt

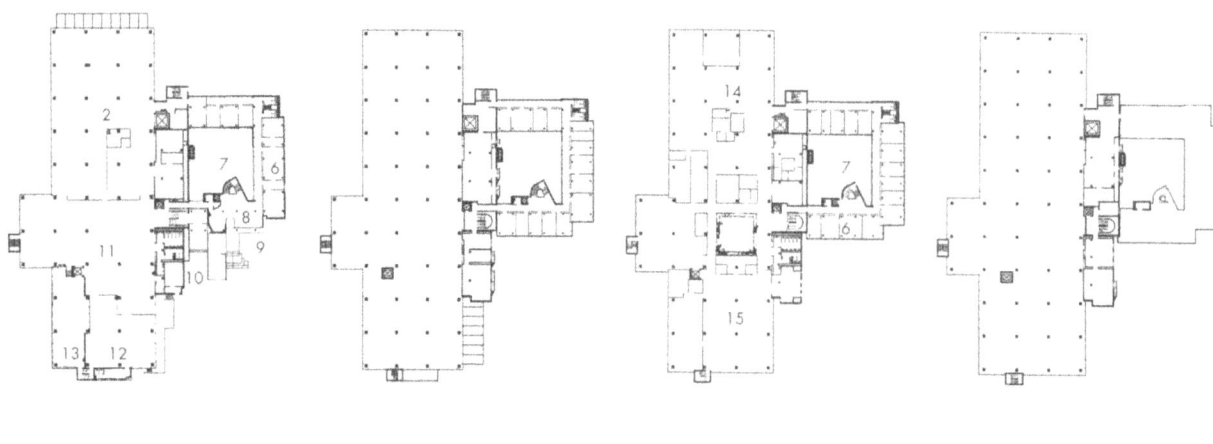

Niveau 2   Niveau 3   Niveau 4   Niveau 5

H. Brechbühler,
Gewerbeschule, Bern,
1939

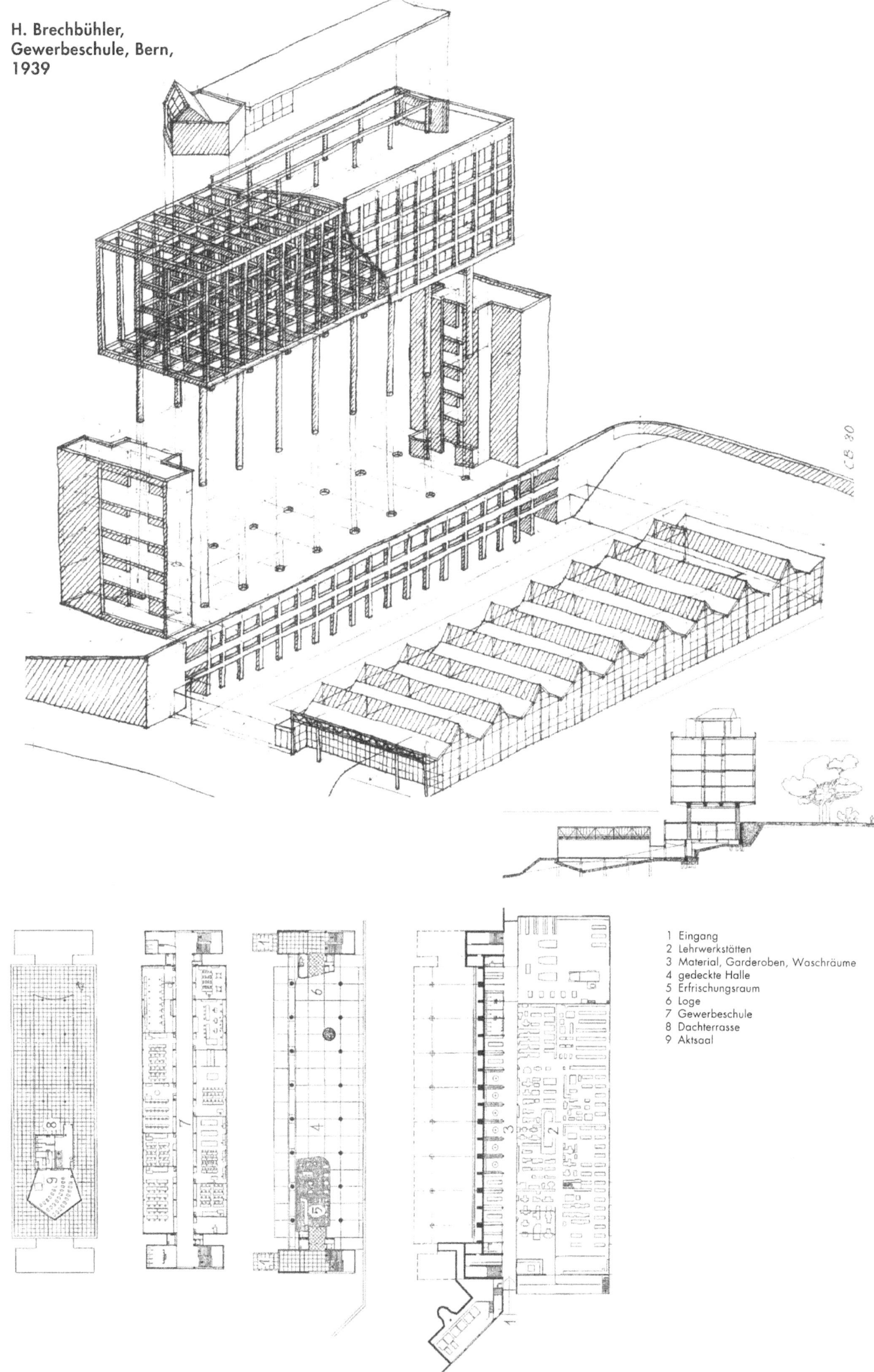

1 Eingang
2 Lehrwerkstätten
3 Material, Garderoben, Waschräume
4 gedeckte Halle
5 Erfrischungsraum
6 Loge
7 Gewerbeschule
8 Dachterrasse
9 Aktsaal

FUSS UND KOPF DES GEBÄUDES

Das Erdgeschoss und das Dach eines eingeschossigen Hauses sind etwas wesentlich Anderes als das Erdgeschoss und das Dach eines hohen Hauses. Gewiss, rein buchhalterisch gesehen ist Dach = Dach und EG = EG. Aus der anderen Teilhaftigkeit am ganzen Bau jedoch, sind eben wesentliche Unterschiede zu beachten. Der Wechsel von einem materiellen und funktionellen System der Räume im Erdgeschoss zu einem ganz anders bestimmten System der Räume in den Obergeschossen (sog. Normalgeschosse) und im Dachgeschoss ist im Laufe der Architekturgeschichte in verschiedenen Ausprägungen thematisiert worden.

Vergleichen wir Grundrisse zu diesem Thema unter dem Gesichtspunkt der Baustruktur, so fällt folgendes auf: Die Konstellation der primären Elemente folgt zwei Bedingungen: denen der logischen Lastableitung und denen der nutzungsbedingten Raumdefinition. Es gilt also, den unterschiedlichen Nutzungsbedürfnissen in jedem Stockwerk optimal Rechnung zu tragen, ohne elementare Regeln der Statik (Kräftefluss) zu vernachlässigen. Aus dem obenerwähnten Wechsel dieser Bedingungen entsteht oft zwangsläufig eine Gliederung des Gebäudekörpers in „Fuss", „Rumpf" und „Kopf". Im Oeuvre von Le Corbusier sind zu diesem Thema wertvolle Anregungen enthalten. 1926 hat er „Les cinq points d'une architecture nouvelle" als Manifest verfasst, wo er unter Punkt 1 und 2 explizite Forderungen zu diesem Thema aufstellt.[14]

SOCKELGESCHOSS

Im Sockelbereich eines hohen Hauses treffen bautechnische und nutzungstechnische Faktoren zusammen und produzieren dadurch eine Gestaltungsenergie, welcher der Architekt schwer ausweichen kann; so haben hohe Häuser aus ihrem Kontakt mit dem öffentlichen Raum Bedürfnisse wie Brief- und Milchkasten, Orientierungstafel, Liftvorplatz, Kinderwagen-, Velo- und Motoabstellplatz, Concierge, Empfang, Anlieferung etc., welche mit Leichtigkeit ein ganzes Geschoss oder auch eine mehrgeschossige Sockelzone (Lobby eines Bürohochhauses oder eines Hotels) beanspruchen. Sodann wirkt in der Regel noch mit, dass hohe Häuser in dichtbesiedelten Gebieten gebaut werden, in denen das Erdgeschoss ohnehin durch öffentliche bzw. publikumsbezogene Nutzungen bestimmt ist (z.B. Wohn- oder Bürohaus mit Laden im Parterre) und von da her eine gegenüber dem Normalgeschoss verschiedene Situation entsteht.

Die Beziehung zwischen Gebäude und Terrain kann grundsätzlich in zwei „Richtungen" konzepthaltig sein: Entweder wird mit der Fundationsart oder mit einer Terrainbewegung auf eine gegebene Baustruktur reagiert, oder die Baustruktur wird aufgrund einer schwierigen Topographie oder eines heiklen Baugrundes speziell entwickelt. Von bautechnischer Warte aus betrachtet, überlagert sich den obengenannten Gesichtspunkten die Aufgabe, die Ordnung der primären raumbildenden und tragenden Elemente auf die mannigfaltigen materiellen Gegebenheiten des Terrains zu übertragen. In unseren Bildbeispielen wird nur die topographische Variable eines Gebäudeabsatzes ins Spiel gebracht, um zu illustrieren, dass je nach der vorhandenen Baustruktur ein andersgeartetes Angebot von Räumen entsteht, das imstande ist, speziellen Nutzungsbedürfnissen in besonderer Weise zu entsprechen (als Keller, freier Durchgang, Eingangssituation auf einem oder auf zwei Niveaus, Stützmauer etc.)

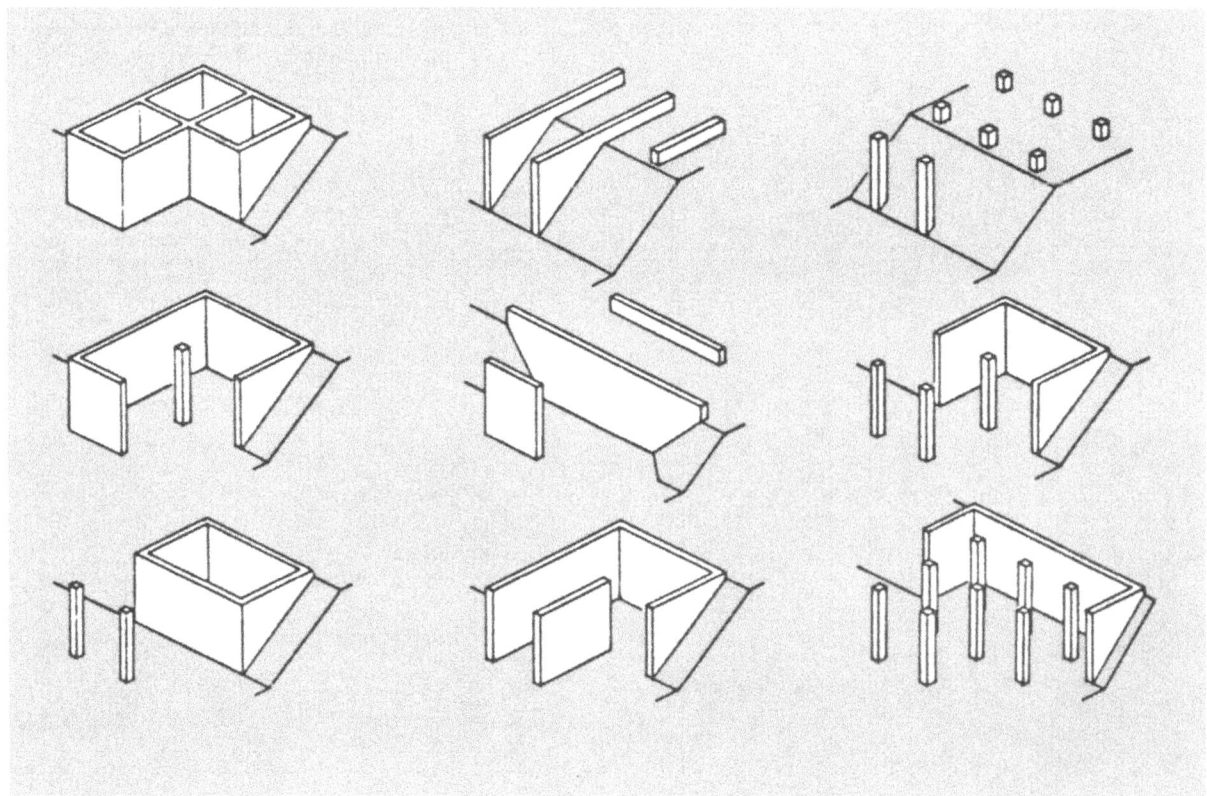

**Pierre Zoelly,
Ferienhaus Rötlisberger, Jeizinen,
1971**

Bei diesem Beispiel werden Fuss und Kopf de Gebäudes als sich ergänzende und gegenseitig bedingende Subsysteme aufgefasst. Die Unterscheidung der Elemente geschieht unter dem Gesichtspunkt von „tragen – getragen werden". Durch die charakteristische Materialisierung der Elemente wird das System von Unter- und Oberbau klar visualisiert. Zudem besteht eine enge Beziehung zwischen Topographie und Baukörper. An einem 35-gradigen Südhang wurde ein pilasterartiges Verankerungssystem aufgebaut, das auf der Sonnenseite die Blockbauräume trägt und auf der Schattenseite einen Massivkörper bildet für das Treppenhaus und die halbgeschossig versetzten Nebenräume. Die Kamine werden aus diesem Block herausgeführt, um die Dachfläche nicht zu stören.

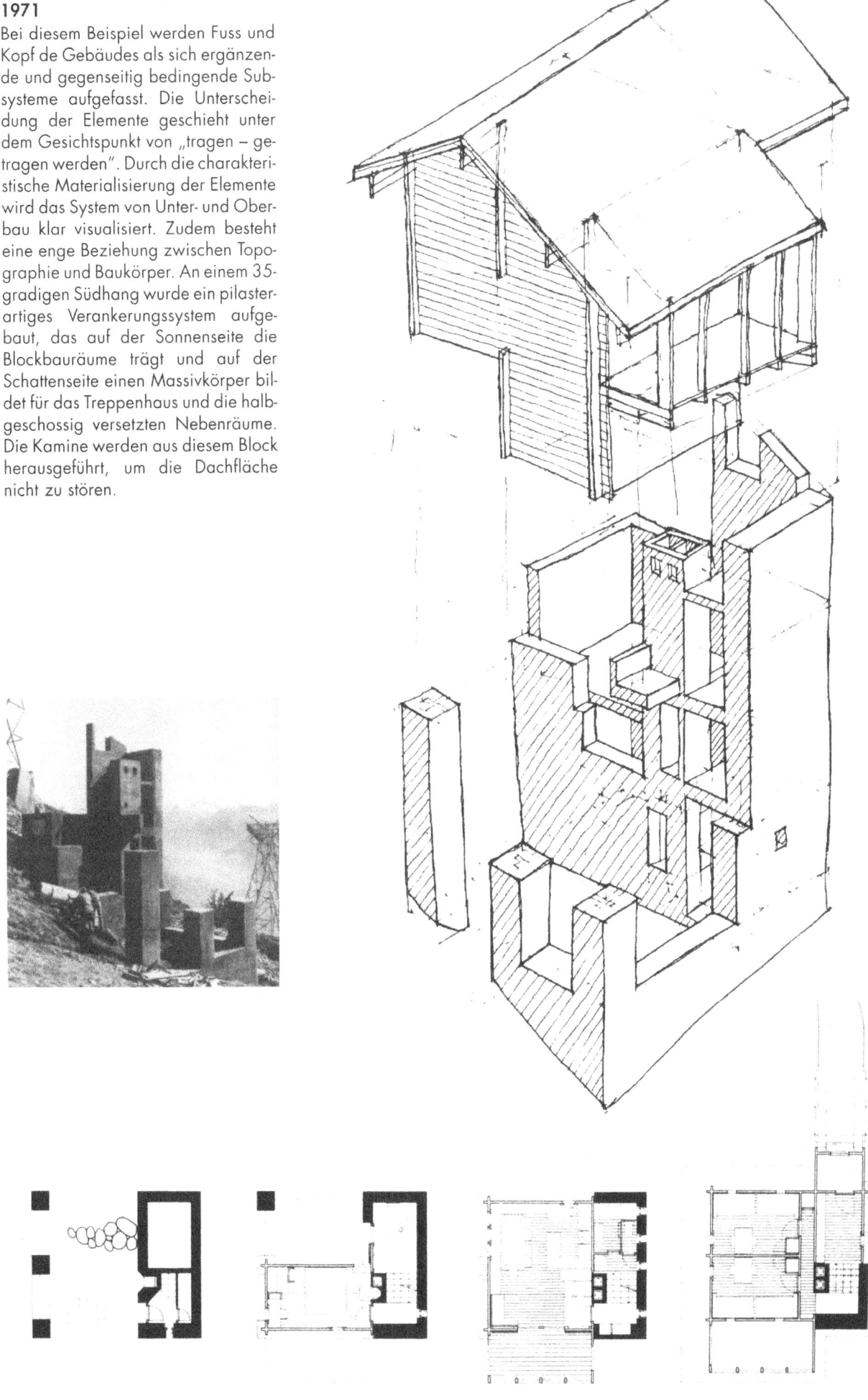

A. Mangiarotti, B. Morassutti,
Zwei Berghäuser, San Martino
di Castozza, 1958-60

**F.L. Wright,
Rose Pauson House, Phoenix, Arizona,
1940**

Das Haus wurde auf einem Wüstenhügel vor dem Camelback Berg errichtet. 1942 wurde es vom Feuer zerstört, wobei der Sockel, aus in Zement gegossenem Wüstenbruchstein, intakt blieb. Der Überbau, Wände und Brüstungen aus Redwood, bildete das Gegengewicht zu den Verwinkelungen des Mauerwerks. Der grosse Wohnraum öffnete sich durch französische Türen gegen die Hauptaussicht auf eine hohe Terrasse, während die andern Seiten des Hauses massiv sind, um die Hitze und den Wind auszuschliessen, und nur durch kleine Schlitze belichtet werden.

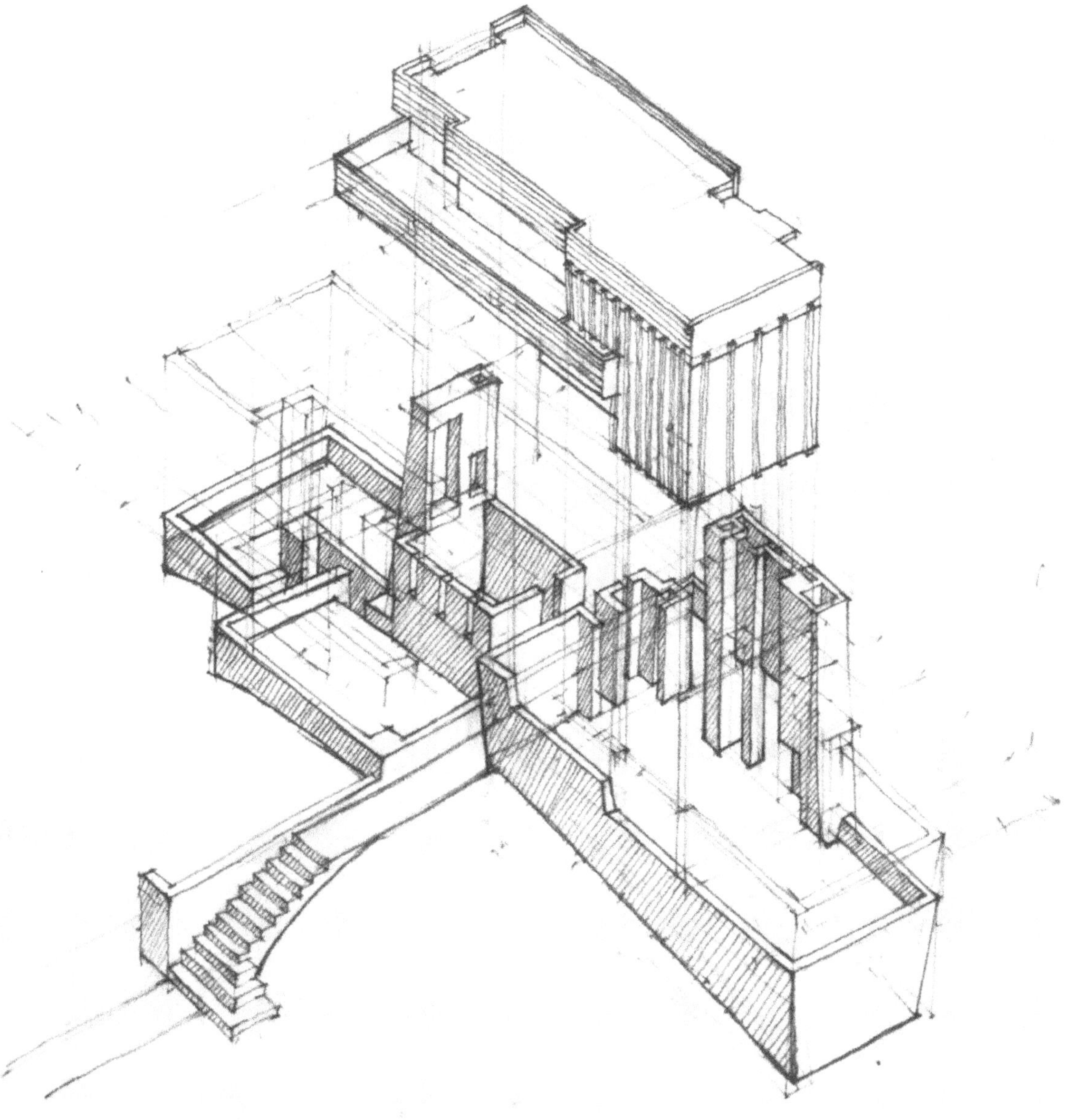

DACHGESCHOSS

Das Dach wird oft zu einer Art Abfallkübel für allerhand Nebennutzungen, die man aus den Normalgeschossen abdelegiert. Das gutbürgerliche Dienstboten-Mansardenzimmer, Glättezimmer Waschküche, Estrich etc. sind eine Klasse von Dachnutzungen aus einer Zeit, in der Dach selbstverständlicherweise Steildach war. Zwangsläufig entsteht auch etwa ein Treppenaufgang Liftmotorenraum, Ventilationsanlage und Expansionsgefässraum. Doch dieses Ausfransen der Nutzung lässt sich kultivieren. Sowohl von wärmetechnischen Überlegungen wie auch von sozialen Erwägungen her lässt sich dem Gebäudekopf im Bauprogramm eine bedeutende Rolle als private, halböffentliche oder öffentliche Zone zumessen. Im Modulor Nr. 1 schreibt Le Corbusier über die Dachterrasse der Unité d'Habitation in Marseille: „Sie hätte das Theater der Katzen und Sperlinge werden können. Wir haben daraus gemacht:
- eine Aschenbahn von 300 m Länge;
- einen Gymnastiksaal (im Freien und als abgeschlossener Raum);
- einen Klub;
- die Einrichtungen der Kinderkrippe als Dachgarten (Hydrotherapie, Heliotherapie, Spiele usw.);
- den Pavillon der Mütter;
- für die Geselligkeit: Sonnenbäder und Ruhegelegenheiten."[55]

Das Dach ist für alle baulichen Massnahmen, die auf „Schutz" ausgerichtet sind, die „letzte Instanz" in dem Sinne, dass ich z.B. eine an sich schutzlose Fassade, eventuell sogar einen Sockel, mit Hilfe einer Massnahme am Dach (Vordach) retten kann, ein Zusammenhang, der nicht umkehrbar ist.

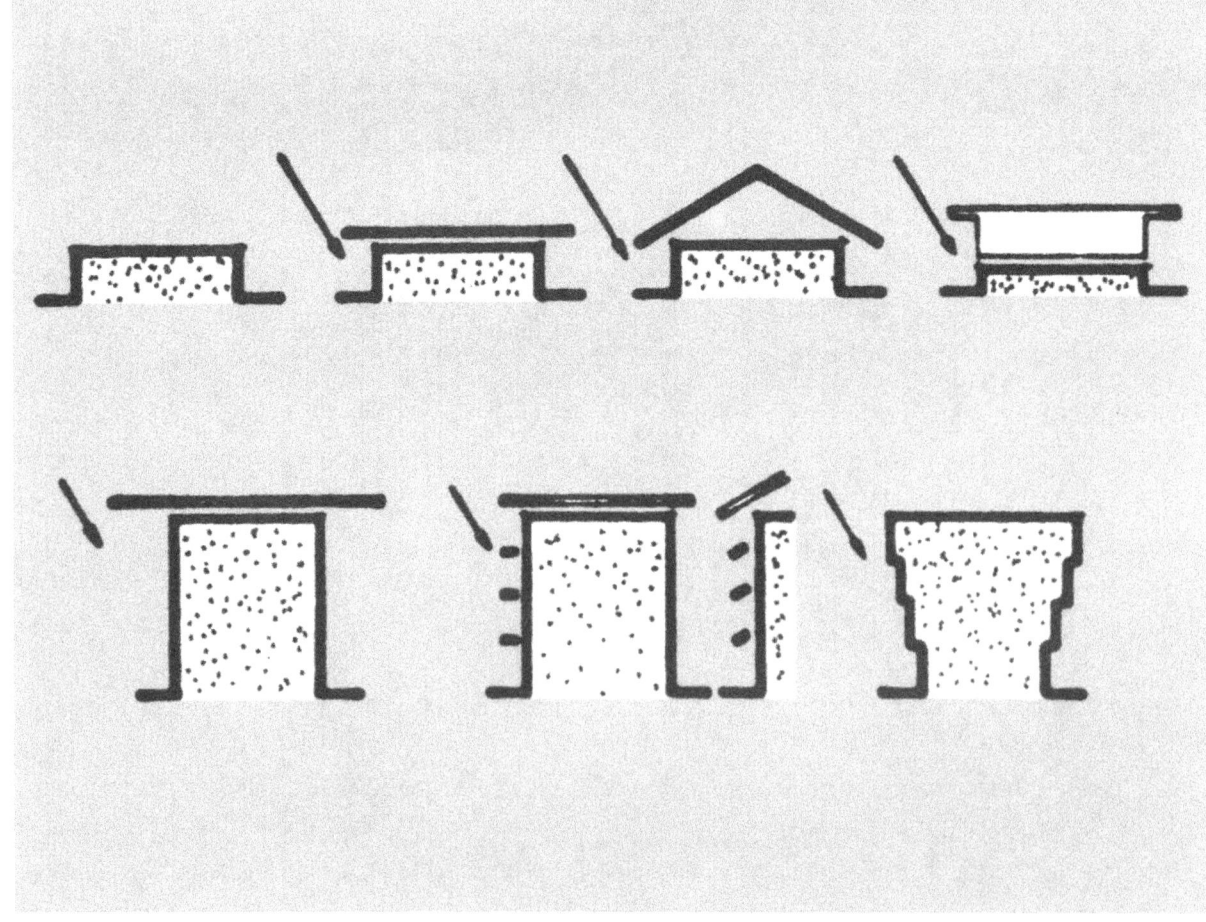

**Frank Gehry,
Wosk Residence, Beverly Hills,
1982-84**

„The client is an artist who had done some work that was intriguing to me. It had strength, and I saw a personal struggle in it that was dealing with a rather sleazy art deco – I don't know how to describe – glitzy. We were doing a studio for the client, and the place was to be used by her and by her parents who would visit from Vancouver. They collected Israeli artifacts and were very involved with Israel. Their yearnings were different from hers. And I saw that and tried to use it in the creation of this project. I took these different ideas and put them together, and if they collided, let them collide. We drew from all of their images, and an early model, the first one I showed them, had many of the pieces and parts of images that they had given me. That's where we started, resolved it from there, and simplified it, to create the village on the roof that would read as discrete pieces, but that would join each piece in whatever awkwardness would come from that placement..."[56]

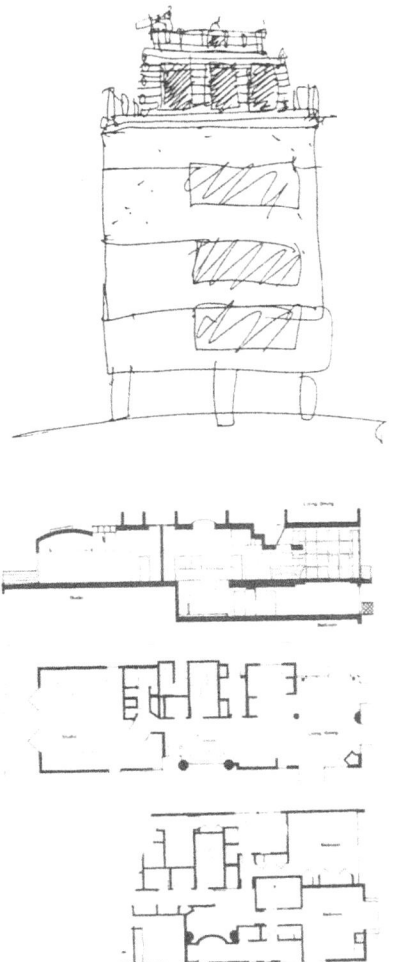

ERSCHLIESSUNG UND BAUSTRUKTUR

Mehrgeschossige Bauwerke „erzeugen" Zirkulationselemente, die den Übergang von Geschoss zu Geschoss ermöglichen. Vertikale Zirkulationselemente bilden auf den Geschossen, die sie berühren, Fixpunkte – Anbindungen für die horizontale Verteilung des ankommenden Verkehrs. Umgekehrt bilden die horizontalen Verbindungselemente der einzelnen Geschosse Anknüpfungspunkte für die vertikalen Zirkulationsstränge.

Unter den vertikalen Zirkulationssystemen spielen die Treppen durch ihre grosse geometrische Variabilität eine besondere Rolle in einem Bauwerk. Mit der Art wie sie die einzelnen Geschosse erschliessen, wird die Art der Beziehung der Geschosse zueinander – über das reine Erschliessen hinaus – mitbestimmt. Jedes Geschoss für sich zu erschliessen bedeutet z.B., eine eindeutige Trennung der Geschosse herbeizuführen. Geschosse in Serie geschaltet, Treppen hintereinander gleichsam als Kette angeordnet, bewirken, dass jedes Geschoss durch das vorhergehende erschlossen wird. Das Entstehen einer Vielzahl von Raumeindrücken dadurch, dass die Treppe in jedem Geschoss an einem anderen Ort ankommt, ist eines der Hauptmerkmale einer solchen Treppenanlage. Geschosse durch ein neutrales Aggregat – ein Treppenhaus – erschlossen, ist das was wir als „Normalfall" kennen. Seine Popularität ist darauf zurückzuführen, dass so in jedem Geschoss derselbe Ausgangsort für die horizontale Stockwerkserschliessung entsteht. Alle Geschosse können identisch organisiert sein, was die Orientierung erleichtert.

Die Zusammenfassung von Lift und Treppe zu Vertikalerschliessungskernen ergibt massive Elemente, welche als Querversteifung zur Übernahme von Windkräften und weiterer Aufgaben ausgebaut werden können. Die Lage solcher Kerne in einem gegebenen Perimeter zu bestimmen, ist zusammen mit der Wahl der Baustruktur eine wahrhaft strategische Entscheidung im Entwurfsprozess.

Erschliessung und Baustruktur:
Obere Zeile von links nach rechts: Jedes Geschoss für sich allein durch eine Treppe erschlossen. Treppenläufe folgen sich. Sie erschliessen jedes Geschoss an einer anderen Stelle. Treppenläufe liegen übereinander. Sie erschliessen jedes Geschoss am selben Ort.
Untere Zeile von links nach rechts: Kerne verteilt liegend. Kerne einseitig aussenliegend. Kern innenliegend.

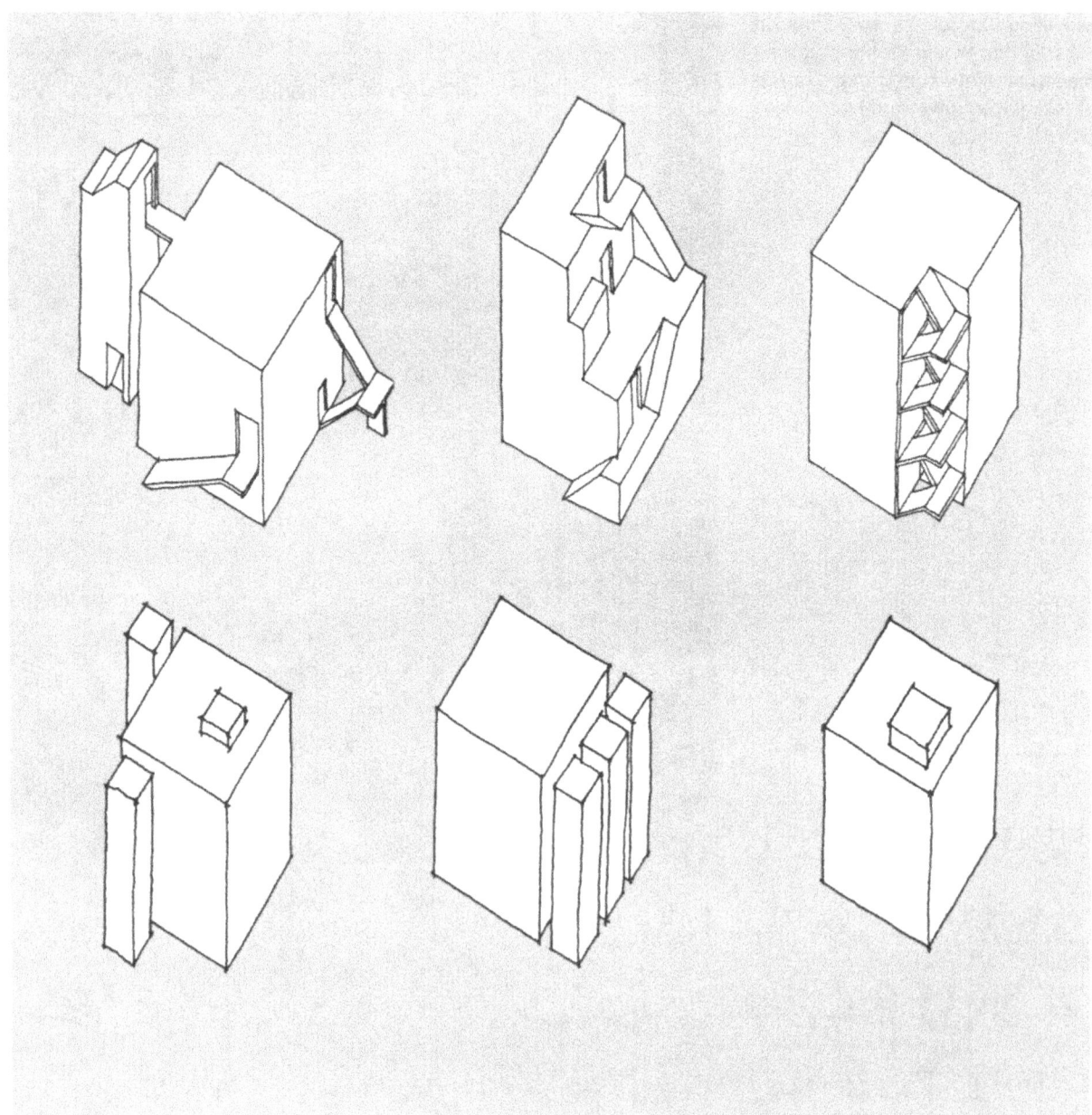

**J. Herzog, P. de Meuron,
Wohnhaus Schützenmattstrasse,
Basel, 1993**

„Die Bauparzelle entspricht dem mittelalterlichen Stadtperimeter mit den typischen Abmessungen der schmalen (6,30 m) und tiefen (23 m) Parzelle. Die Wohnungen sind jeweils um einen zentralen Lichthof herum gruppiert, der sich einseitig zur südlich angrenzenden Nachbarparzelle hin öffnet. Die Strassenfassade ist vollständig verglast; davor ist eine gusseiserne Vorhangkonstruktion angebracht, die sich beliebig auffalten lässt..." [57]

Mittels der präzisen Plazierung des Liftschachts zwischen die Brandmauern der Baulücke werden die Grundrisse organisiert.

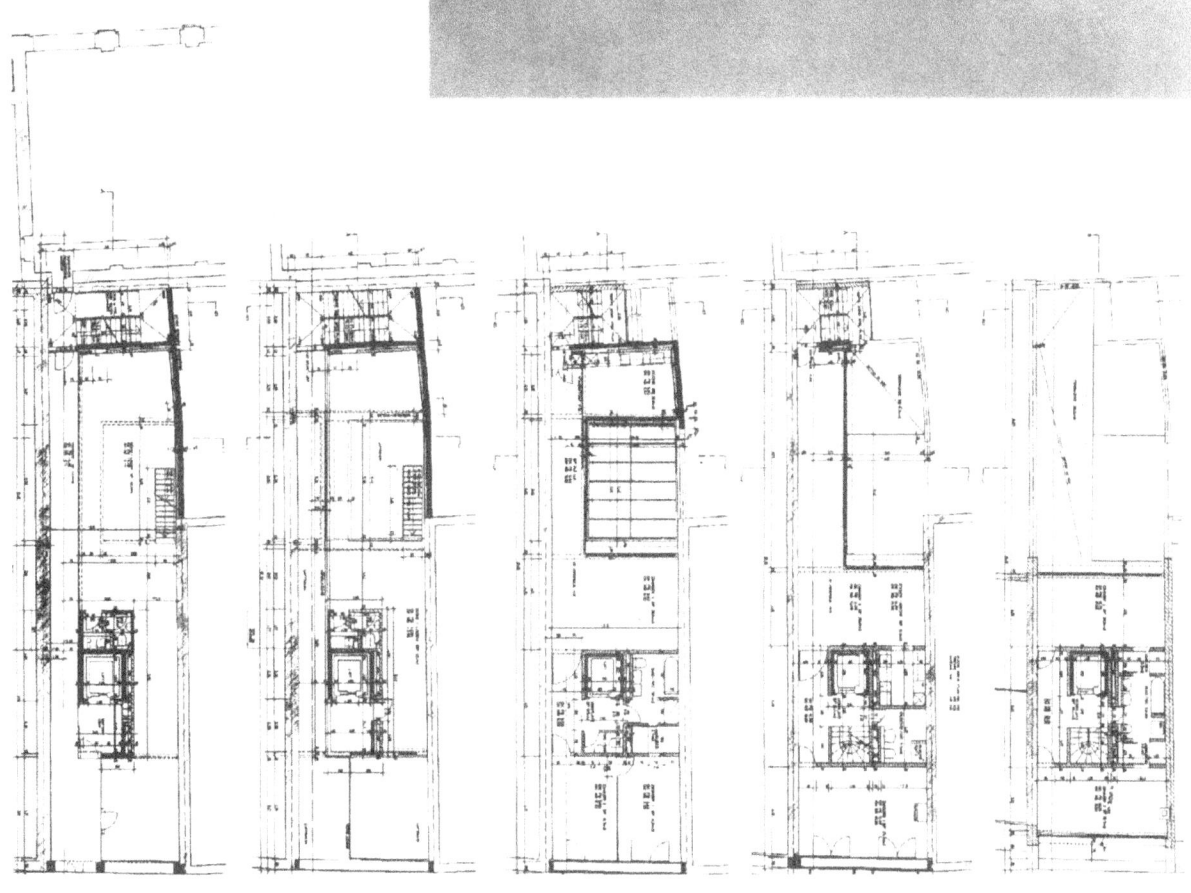

DER BAU ALS GANZES

La Casa del Fascio von Giuseppe Terragni, 1932-36

Die Casa del Fascio wurde von G. Terragni als Parteihaus für Como geplant. L. Benevolo schreibt zur Situation der Architekten im faschistischen Italien: 1926 erscheint die „Gruppe 7" (mit G. Terragni), die sich ausdrücklich auf die Thesen der internationalen Bewegung beruft. Die „7" schreibt: „..Wir massen uns nicht an, einen neuen Stil zu schaffen, aber wir sind sicher, dass aus dem ständigen Gebrauch rationaler Mittel, aus der vollkommenen Übereinstimmung des Gebäudes mit den Zwecken, die es verfolgt, also durch Selektion, der Stil entstehen muss." Das erste Werk von Terragni (Miethaus Novocomum, Como 1929) zeigt, dass es nicht nur um ein formales Repertoire geht, sondern um eine Architekturauffassung. Die allgemeine Unsicherheit (politisch und architektonisch) beraubt die besten Architekten der jungen Generation der Möglichkeit, ihre Fähigkeiten voll auszuspielen. Terragni, der gewiss der begabteste ist, konzentriert nach und nach seine Kräfte in die einzige Richtung, die noch offenzustehen scheint, nämlich in ein verbissenes Studium formaler Fragen. Das Parteihaus in Como ist das charakteristische Resultat dieser Bestrebungen: Es ist beinahe ein Versuch, die polemische Erklärung des MIAR (Movimento Italiano per l'Architettura Razionale), moderne Architektur = faschistische Architektur, in die Wirklichkeit umzusetzen.

Der folgende Kommentar zu Giuseppe Terragnis Casa del Fascio in Como beschränkt sich auf Kriterien und Aspekte, die im theoretischen Teil dieses Heftes behandelt werden. Die Analyse erfolgt also nur unter dem Gesichtspunkt der Baustruktur. Sie ist insofern exemplarisch, als versucht wird, Begriffe und Gesetzmässigkeiten an einem gebauten Beispiel zu erläutern.

Das Gebäude ist in Skelettbauweise erstellt, die Tragstruktur wird durch ein Raumgitter (ein räumliches Skelett) gebildet. Was in den Grundrissen als tragende Wände gelesen werden könnte, sind Ausfachungen zwischen Stützen. Die tragenden Elemente (Eisenbeton Stäbe) sind dementsprechend nur schwach an der Raumdefinition beteiligt. Das Primärsystem ist identisch mit dem Tragsystem. Es ist zugleich aber auch ein Motiv des Gebäudes. Das Raumgitter als eine in sich abgeschlossene Form bleibt an verschiedenen Stellen, an der Fassade und im Innern (u.a. Halle), sichtbar. Die Tragstruktur (die Bauweise) wird bewusst artikuliert und ist „ein Symbol einer fortschrittlichen Haltung". Auch in diesem Sinn (Zeichen, Symbol) ist das Primärsystem eine Hauptsache. Eine Idee wird mit architektonischen Mitteln ausgedrückt. Die tragenden Elemente sind klar durchgebildet, aber nicht selbständig, sondern zusammengefasst zu einer strukturierten Ganzheit.

Die Raumdefinition geschieht, ganz der Skelettbauweise entsprechend, praktisch ausschliesslich durch Elemente des Komplementärsystems. Komplementäre Teile sind Füllungen zwischen den Stäben des Raumgitters, Trennwände und vertikale Zirkulationselemente wie Treppen und Lifte. Die Füllungen liegen, ihrem Namen entsprechend, im Bandraster des Raumgitters, sind also so dick wie die Stützen. Dass sie nicht massiv (nicht tragend) sind, wird an verschiedenen Stellen durch horizontale Schlitze demonstriert (u.a. in der Fassade, aber auch in einer Treppenhauswand und über einigen Türen): Die Trennwände, viel dünner als die Stützen, bewegen sich völlig unregelmässig in der vollen Breite des Bandrasters, teilweise aber

auch gänzlich unabhängig (=ausserhalb) von ihm. Die Unabhängigkeit der komplementären (trennenden) Elemente vom Primär- (=Trag-) System wird deutlich artikuliert. Zudem steht aber auch die Ordnung des Raumgitters im klaren Gegensatz zur Unordnung der Wände, was einer Absicht Terragnis entsprach: Diesen Dialog zu inszenieren und die Prinzipien der Raumdefinition deutlich zu machen.

Die Büros sind als Arbeitszellen stark umstellt. Form, Grösse und Gliederung der Räume (bzw. die Lage der gleichsam oszillierenden Trennwände entsprechen den Notwendigkeiten der Möblierung. Die Zirkulationsräume sind bedeutend schwächer umstellt, teilweise nur mit Stützen definiert. Damit wird eine grosse Übersichtlichkeit erreicht, die, neben organisatorischen Vorteilen, einer wesentlichen Absicht Terragnis entspricht: Im Casa del Fascio als antibürokratischer Palast sind alle Büros frei zugänglich, ist der Chef sichtbar, sind die Zusammenkünfte von der Halle aus zu überblicken. Es gibt auch ganz schwach definierte Räume, Teile des Dachgeschosses zum Beispiel, welche sowohl zum Gebäude wie auch zum Aussenraum gehören. Die Halle ist ein Paradebeispiel eines sehr differenziert definierten Raumes, welcher den verschiedensten Nutzungsanforderungen gerecht wird.

Die Deckenplatten liegen mit wenigen Ausnahmen vierseitig linear auf den waagrechten Stäben (=Unterzügen) des Raumgitters. Jedes Feld ist tragwerkstechnisch eine für sich abgeschlossene Einheit. Es gibt keine eigentlichen Auskragungen, aber die Platten sind teilweise von den Unterzügen abgehoben (vgl. Dach über Halle und die Deckenplatte über dem Korridor im 1. OG). Die Deckenöffnungen

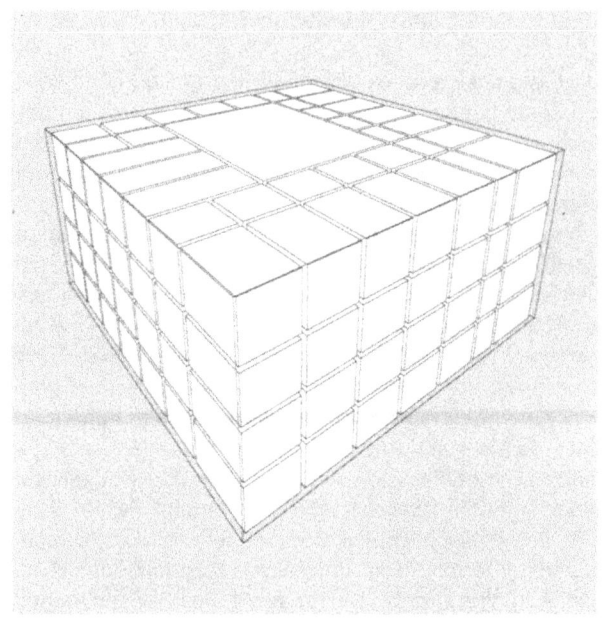
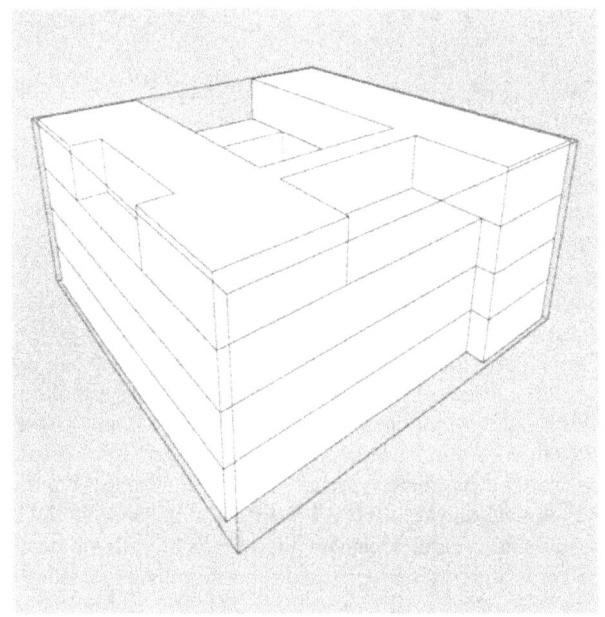
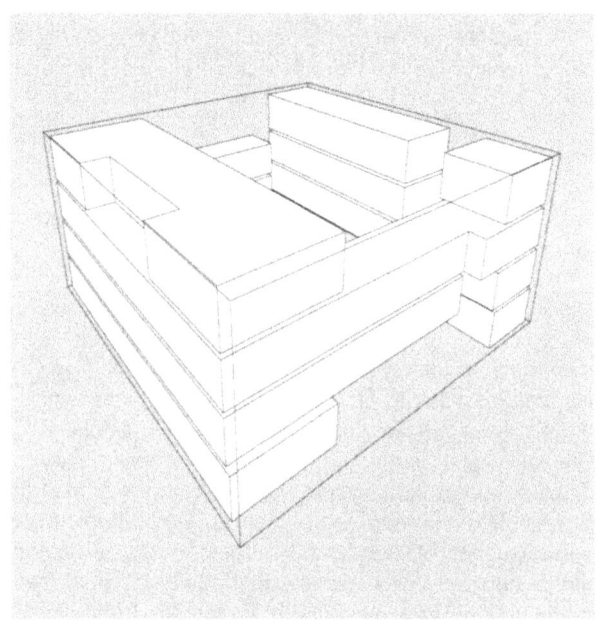

Oberes Bild:
Strukturierung des Volumens, wie sie durch das Traggerippe hervorgerufen wird.

Mittleres Bild:
Das dem äusseren Kubus eingeschriebene Bauvolumen.

Unteres Bild:
Anordnung der Nutzungen auf den einzelnen Geschossen.

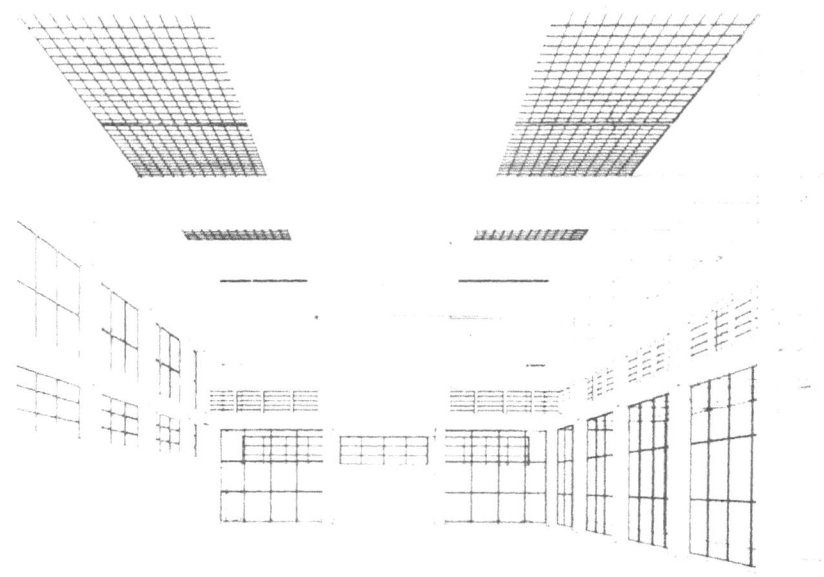

sind tragwerkstechnisch unproblematisch, d.h. konfliktfrei ins Tragsystem integriert, indem sie entweder den Öffnungen des Primärsystems entsprechen (Treppenhäuser) oder gerichtete Deckenplatten nur Teile von Feldern überspannen. Horizontale Raumbeziehungen sind der Stützenstellung entsprechend überall möglich. Der räumliche Übergang von der Halle zum Aussenraum resp. zu den inneren Laubengängen wird durch eine oder mehrere Stützenreihen gefiltert. Sonst unterliegen die Raumbeziehungen (analog der Raumdefinition) in erster Linie der Konstellation der komplementären Elemente. Die Geschossbildung geschieht nicht durch Stapelung, sondern durch vertikale Abschottung im mehrgeschossigen Raumgitter. Das visuelle System geht auf das Summieren der Lasten in den Stützen nicht ein. Im Gegenteil, wichtig ist die gleichmässig strenge Ausbildung der Glieder. Der „Bau als Kristall" könnte auch im Raum schweben. Die Gebäudeform (die liegende Hälfte eines Würfels) ist völlig unabhängig von äusseren Einflüssen. Sie ist als Form so gewollt. Das prismatische Gesamtvolumen ist in Teilvolumen gegliedert. Zwei viergeschossige Körper beherbergen die Büros. Indem sie die Halle seitlich umstellen, geben sie dem Gebäude eine Richtung. Diese Ordnung wird überlagert durch das Volumen der beiden mittleren Geschosse, welche den Hof vierseitig umschliessen. Durch das unterschiedliche Ausfüllen des Raumgitters wird die Volumenorganisation teilweise unterstützt, aber auch überspielt. Die horizontalen Zirkulationsräume zum Beispiel sind den Volumen unterschiedlich zugeordnet und der Rhythmus des Raumgitters reagiert dementsprechend darauf (vgl. die unterschiedlichen Spannweiten des Skelettes). Die Halle wiederum, welche von den Volumen definiert wird, ist eine Aussparung im Raumgitter.

Die Fassaden sind aus der Kombination von Orientierung (Himmelsrichtung und städtischer Kontext) und innerer Nutzungsorganisation (bzw. Raumdisposition) entstanden. Sie unterliegen aber immer dem Thema des Raumgitters. Komplementäre Elemente differenzieren entweder die Fläche (offen und geschlossen) oder staffeln die Tiefe (Fassadenschicht). An der Gebäudeform ist weder ein „Fuss" noch ein „Kopf" ausgebildet. Durch die Behandlung des Raumgitters wird aber „unten" und „oben" artikuliert: Sokkel- und Dachgeschoss unterscheiden sich von den zwei dazwischen liegenden Geschossen durch ihre grössere „Offenheit", sind aber völlig ins streng prismatische Gesamtvolumen integriert. So tritt zum Beispiel das Hauptportal nicht als selbständiges architektonisches Element in Erscheinung, signalisiert aber die räumliche Verbindung von Halle und Platz. Ähnlich das Dachgeschoss. Es schliesst nicht ab, sondern verbindet Innen- mit Aussenraum, indem Teile der Tragstruktur freigelegt sind.

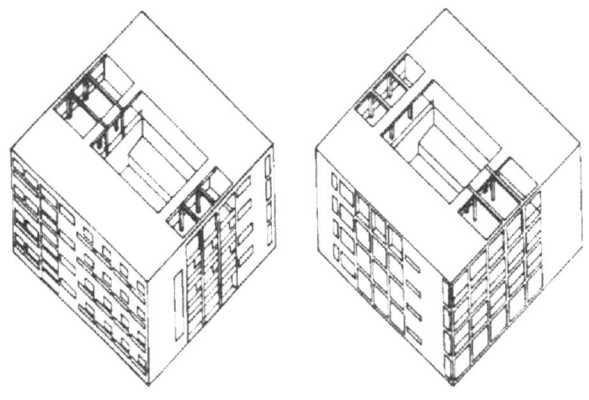

Via Pessina

Piazza dell'Impero

Via M. Bianchi

Rückfassade

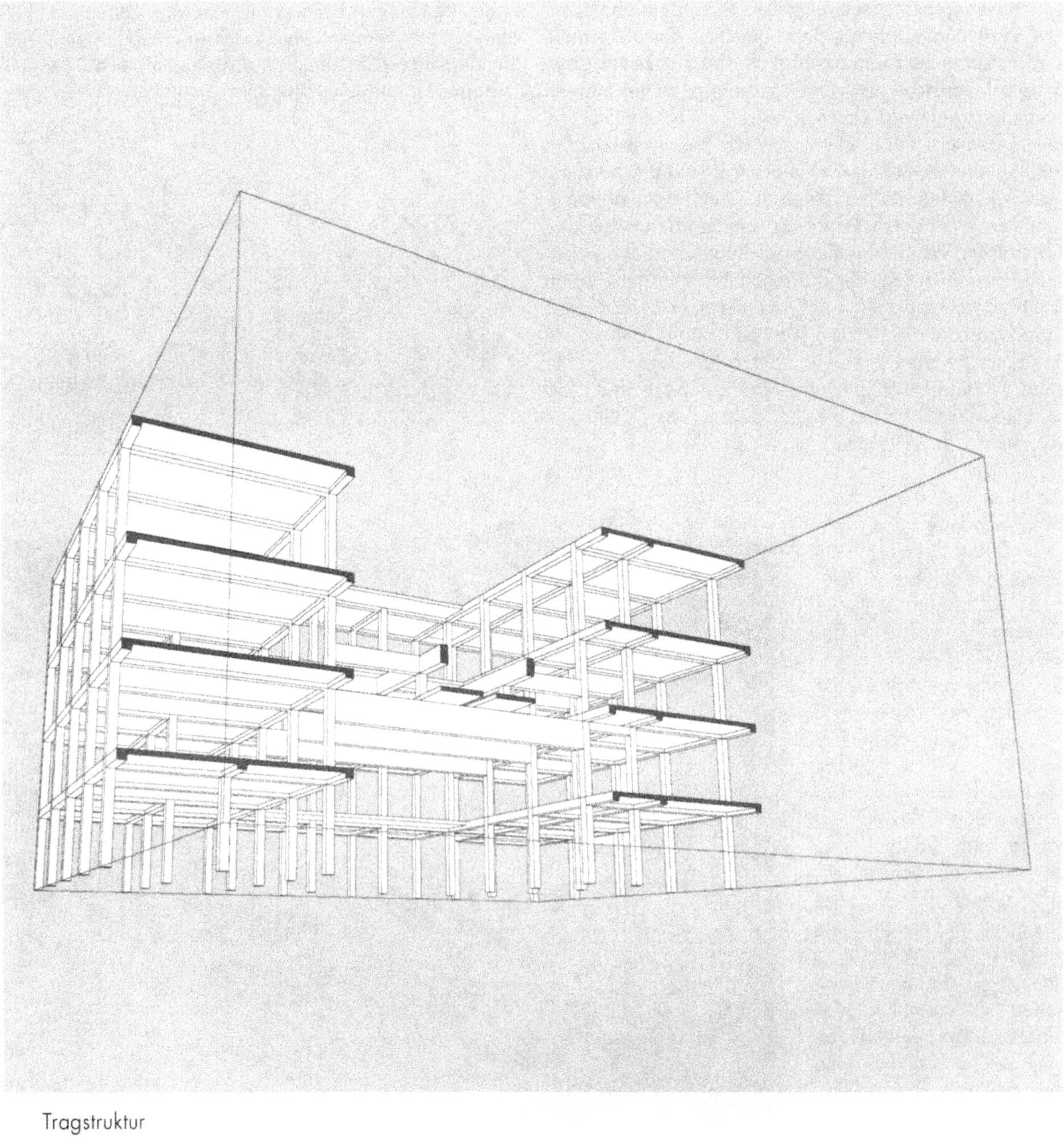

Tragstruktur

Schnitte

Dachaufsicht

1. Obergeschoss

3. Obergeschoss

Erdgeschoss

2. Obergeschoss

Une petite Maison von Le Corbusier, 1923

„Der Bauplatz...
Er liegt am Genfersee, wo die Weinberge in Terrassen aufsteigen; würde man alle ihre Stützmauern aneinanderfügen, so betrüge deren Länge dreißigtausend Kilometer, (das heisst drei Viertel des gesamten Erdumfanges!) Die Weinbauern leisten tanze Arbeit. Ihr Werk wird hundert, ja vielleicht tausend Jahre überdauern
Nach einem arbeitsreichen Leben sollen mein Vater und meine Mutter in dem kleinen Haus ein Heim für ihre alten Tage finden.
Meine Mutter ist Musikerin; leidenschaftliche Liebe zur Natur bestimmte das Wesen meines Vaters.
Die Ausgangspunkte des Plans. Erstens: Die Sonne steht im Süden. Südlich, vor den Hügeln, liegt der See. Der See und die sich darin spiegelnden Schneeberge erstrecken sich von Westen nach Osten. Daraus ergibt sich: Das Haus ist gegen Süden orientiert. Der Fassade entlang erstreckt sieh der vier Meter tiefe Wohnraum mit einer Frontlänge von sechzehn Metern. Die Länge seines Fensters beträgt elf Meter.
Zweitens: die „Wohnmaschine". Genau den einzelnen Funktionen angepasste Dimensionen führen zu äußerster Raumausnützung. Die Anordnung folgt dem Ablauf der einzelnen Tätigkeiten. Bei Annahme eines Minimums an Grundfläche für jede Funktion wurde eine Totalgrundfläche von fünfzig Quadratmetern errechnet. Der fertige Plan des einstöckigen Hauses weist mit allen Nebenräumen, eine Grundfläche von sechzig Quadratmetern auf." [59]

„Ein Haus wie ein Auto, entworfen und durchkonstruiert wie ein Omnibus oder eine Schiffskabine. Die heutigen Wohnbedürfnisse können genau festgestellt werden und fordern eine Lösung. Man muss gegen das Haus von früher mit seiner Raumverschwendung angehen. Man muss (Zeitproblem: die Kostenfrage) das Haus als Wohnmaschine oder als Werkzeug betrachten. Wenn man eine Fabrik einrichtet, kauft man das notwendige Werkzeug; wenn man heiratet, mietet man sich blödsinnige Wohnungen. Bisher machte man aus einem Haus ein Durcheinander von grossen Räumen; in den Räumen hatte man immer entweder zuviel oder zuwenig Platz - Schönheit? Schönheit ist immer da, wenn ein Wille dazu vorhanden ist, und Mittel, die von der Proportion bestimmt sind. Proportion kostet den Bauherrn nichts, sondern nur den Architekten. Das, worauf man stolz sein kann, ist ein Haus, das so praktisch ist wie eine Schreibmaschine." [60]

Vom tragwerkstechnischen Standpunkt aus könnte man das Häuschen als Schottenbau betrachten, da die gerichtete Flachdachkonstruktion zweiseitig aufliegt. Räumlich hat aber L.C. sozusagen „massiv" gedacht, indem er die vier Wände der langgestreckten Zelle als rundum abschliessende Hülle betrachtet. Dieser Ansatz ergibt sich aus Form und Lage des gesuchten Grundstückes, das notgedrungen klein, schmal und längs des Sees liegen sollte. (Der Anbau ist später entstanden.) L.C. beginnt den Entwurf dementsprechend nicht mit einem nur längs umstellten Raum, wie das bei einem Schottenbau der Fall wäre. Und auch die Gliederung des Innenraumes mit komplementären raumdefinierenden Elementen entspricht nicht einer für den Schottenbau typischen Weise.

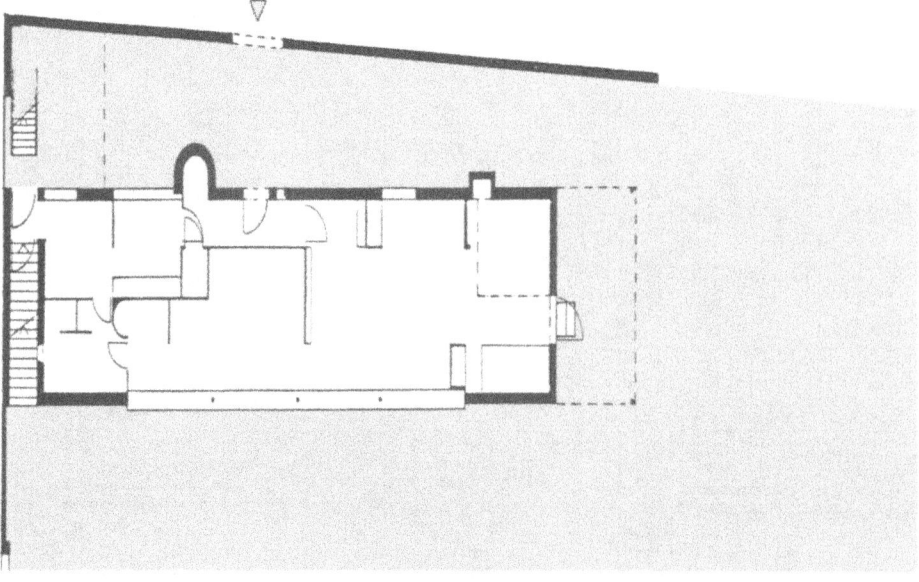

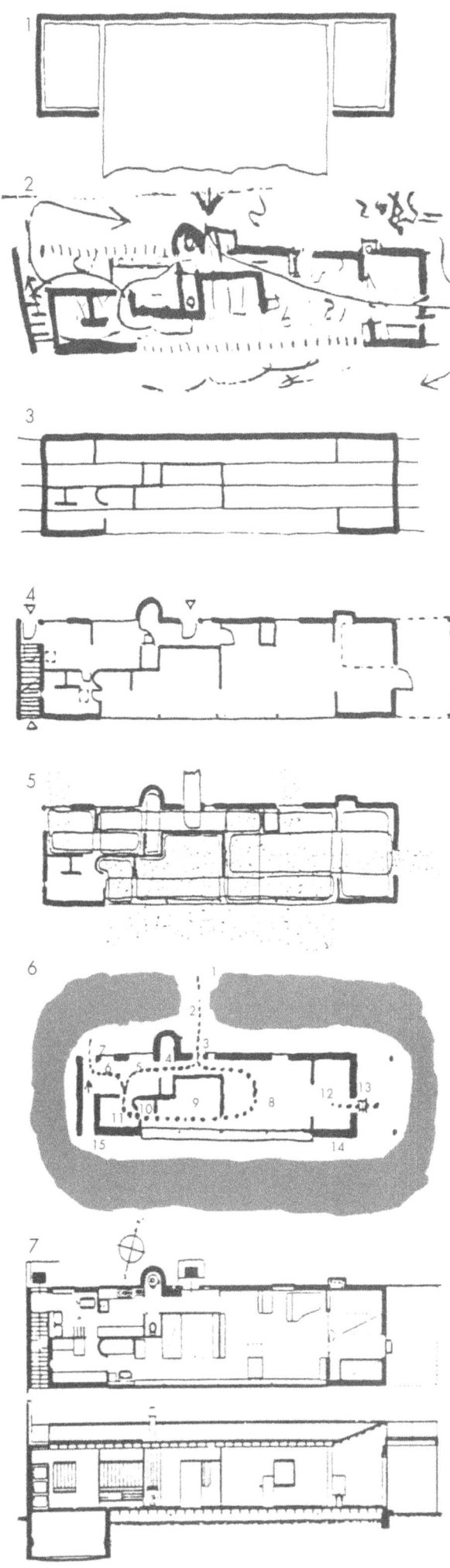

Die folgende Analyse versucht, den Entwurfsvorgang nachzuvollziehen, d.h., eine mögliche Folge von Entwurfsschritten (Gedankengängen) entsprechend unserer Baustrukturtheorie zu beschreiben.

1: Die eine Längsseite wird der Aussicht und der Himmelsrichtung entsprechend teilweise aufgebrochen. Es entstehen drei Zonen: die seitlichen stark (Nischen), die mittlere schwacher umstellt. Mit dem Langfenster in der tragenden Wand realisiert Le Corbusier bereits eine Idee, die er später in den „5 points" postuliert. „Das 11 m lange Fenster lädt die gewaltige Natur zu Gast - ihre Unverfälschtheit, ihre Einheit den vom Sturm aufgewühlten See oder die strahlend friedliche Landschaft".

2: L.C. hat in den „Feststellungen"[61] demonstriert, wie er den Flächenbedarf der einzelnen Tätigkeiten ermittelt hat. Dementsprechend dividiert er nun die 57 m² mit komplementären Elementen (= nichttragende Innenwände). Er gliedert die „Schachtel" in Zonen und Räume, welche in Grösse, Form und Umstelltsein den Nutzungen differenziert entsprechen.

3: Der skizzenhafte Entwurf wird mit Hilfe regelmässiger Ordnungslinien präzisiert. Diese geometrische Längsteilung als Planungshilfe entspricht der Schichtung des Grundrisses zwischen Rückseite (Strasse) und Vorderseite (See).

4: Türen, Fenster und Oberlichter entstehen durch Perforation der Hülle, dort, wo es für die Nutzung nötig ist. Mit Ausbuchtungen (Ofen und Lavabo) und einer Bodengrube (Gästebett) wird zusätzlicher Raum geschaffen. Der Grundriss wirkt von innen nach aussen, die Fassade ist das Abbild der inneren Organisation. Mit Türen wird der Nutzung entsprechend abgeschlossen. Die Treppe zum bepflanzten Flachdach und der gedeckte Vorplatz kommen ausserhalb der Zelle zu liegen. Das begehbare Flachdach entspricht einer weiteren Forderung der bereits erwähnten „5 points".

5: Die Gliederung der Primarzelle, entstanden durch Division der Fläche, ergibt komplexe räumliche Beziehungen: Es gibt Transparenz, d.h., es gibt Stellen im Raum, die mehreren Raumzonen zugeordnet sind. Das differenzierte räumliche Geflecht wird ergänzt durch die Öffnungen in der Hülle, welche die Beziehung zwischen Innen- und Aussenraum herstellen.

6: Lücken zwischen primärer Hülle und komplementären Innenwänden ermöglichen einen Rundgang: (1) Strasse, (2) Gartentor, (3) Haustüre, (4) Garderobe (mit Öl-Heizkessel), (5) Küche, (6) Waschküche (mit Kellertreppe), (7) Ausgang zum Hof, (8) Wohnraum, (9) Schlafzimmer, (10) Bad, (11) Wäschehänge und Wäscheaufbewahrung, (12) kleines Wohnzimmer für Gäste mit zwei übereinanderliegenden Betten, (13) gedeckter Sitzplatz, (14) Vorderseite des Hauses und das elf Meter lange Fenster, (15) Treppe zum Dach.

7: Grundriss und Längsschnitt der fertigen, möblierten Pläne. Verschiedene Möbel, so zum Beispiel das Gestell im Rücken der Pianistin, sind aus Beton und als fester Bestandteil des Gebäudes Teil des Komplementärsystems (vgl. Bild 4). Andere Möbel wiederum sind bewusst beweglich gehalten. Der Tisch am Langfenster z.B. lässt sich an einer Schiene längs des Betonfensterbrettes verschieben.

Immeuble Clarté von Le Corbusier, 1932

Edmond Wanner, ein Industrieller aus Genf, ist Bauherr, Konstrukteur und Unternehmer des Mehrfamilienhauses „Clarté" (maison de verre). Bezüglich des Werkes von Le Corbusier ist die „Clarté" das erste realisierte Mehrfamilienhausprojekt in der Reihe „Immeubles-Villas (1922) – Unité d'habitation in Marseille (1952)". Gleichzeitig ist sie Testfall der von Le Corbusier vertretenen Thesen der „construction à sec". Monumentale Eingänge markieren die beiden Einheiten. Die Bautiefe beträgt 15 m, die Fassadenlänge pro Einheit 25 m, total 50 m. Das Angebot von 45 Wohnungen reicht von der grossen 9-Zi-Duplex-Wohnung bis zur kleinen 2-Zi-Etagenwohnung. Das Stahl-Skelett wurde elektrisch geschweisst; es ist in Gerüstabschnitte von 2.80 m unterteilt. Dazwischen liegt mit einem Abstand von 0.75 m eine Holzbalkenlage. Die Glasfassade ist zwischen die Stützen montiert. An den Stützen aussen angehängt sind die Sonnenstorenkästen und die auf jedem zweiten Geschoss durchlaufenden Balkone. Die Stahl-Konstruktion wird durch zwei abschliessende Wandscheiben gefasst.

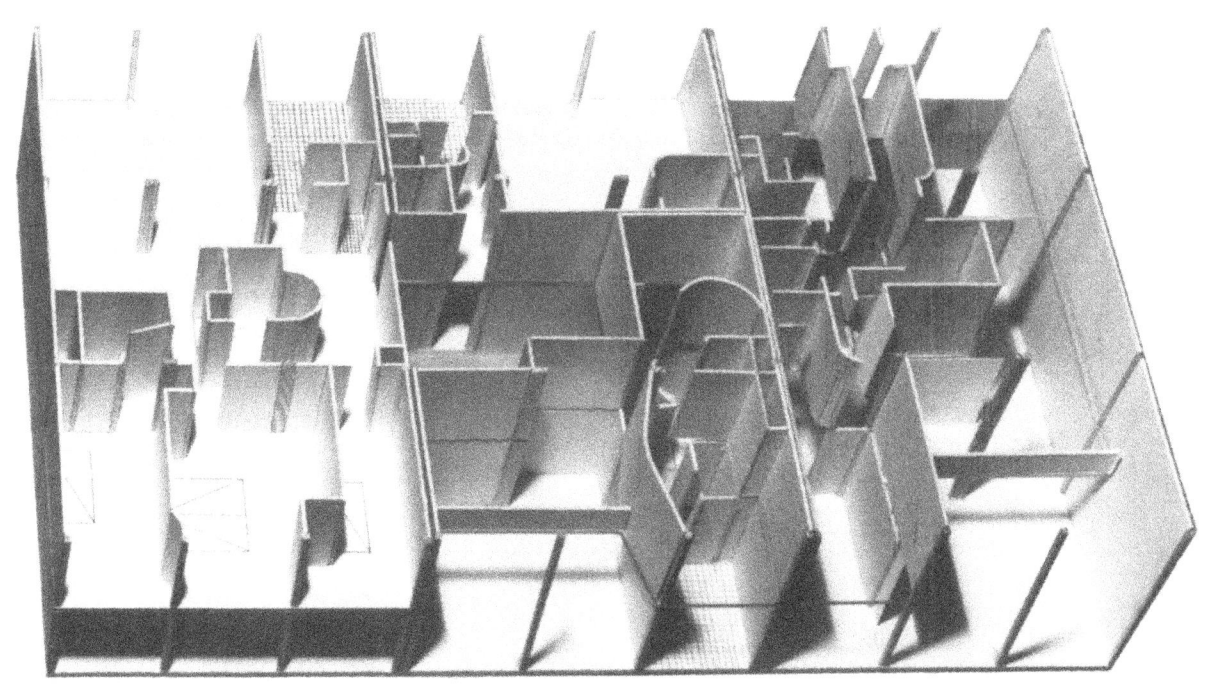

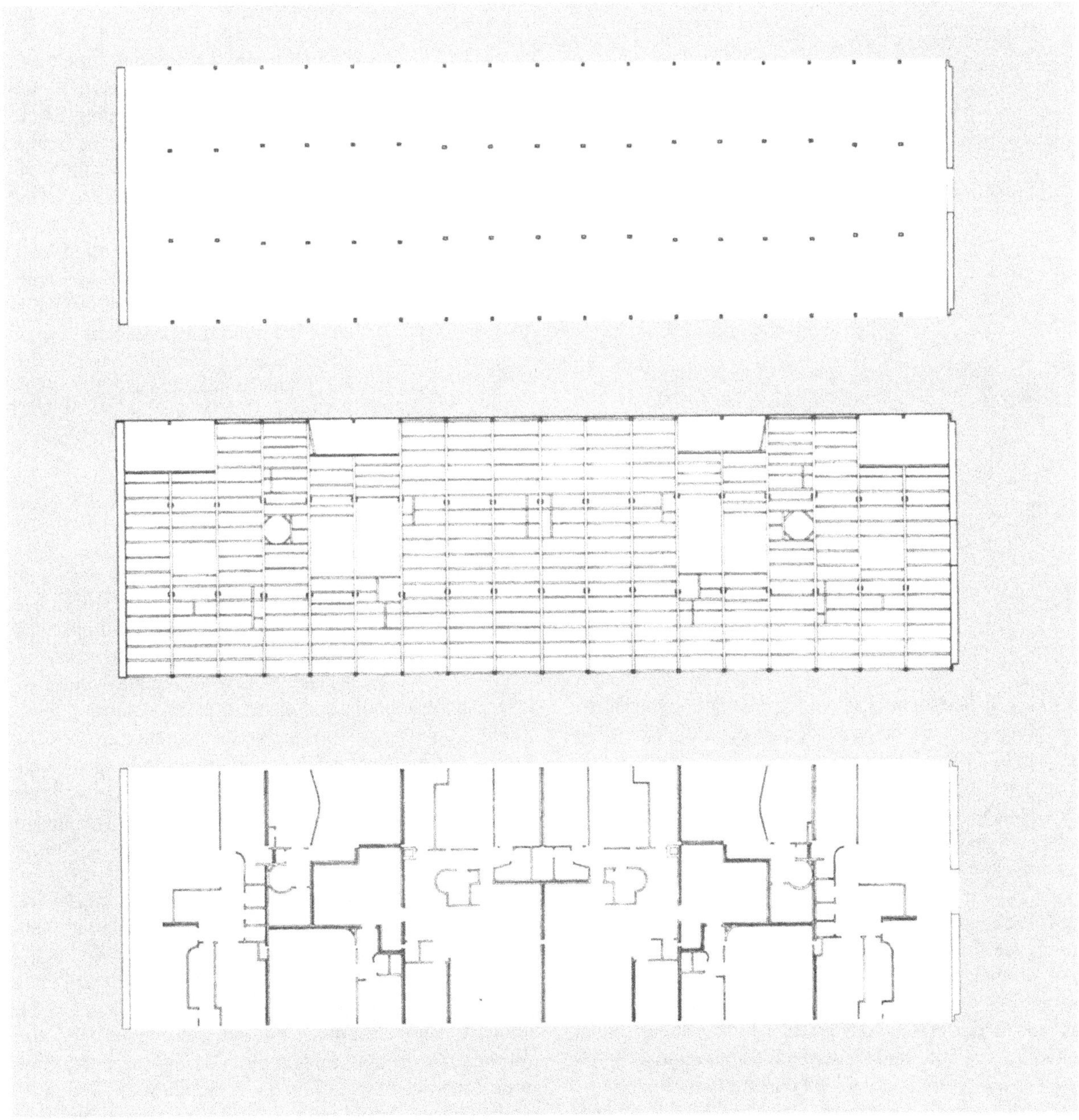

91

L' „Unité d'Habitation de Grandeur Conforme" von Le Corbusier, 1946-52

1946 erteilt Raoul Dautry, der erste französische Aufbauminister, Le Corbusier den Auftrag für die Unité in Marseille. 1947 ist Grundsteinlegung und 1952 (wiederum am 14. Oktober) findet die Übergabe statt. „Die erste Idee einer ‚Unité d'Habitation' geht auf einen Besuch der Kartause Ema in der Toscana im Jahre 107 zurück. Sie ist in den im Salon d'Automne 1922 gezeigten Plänen enthalten: eine Stadt von 3 Millionen Einwohnern: ‚les Immeubles-Villas', 1925 im Pavillon de l'Esprit Nouveau tauchen sie wiederum auf...

Mitten im Grün eines Parkes von 3,5 ha, umgeben von Licht und Sonne, steht die Unité d'Habitation. Sie ist von Süden nach Norden orientiert. Auf der Nordseite, der Seite des Mistral, weist sie keinerlei Öffnungen auf. Ihre Masse sind: 165 m lang, 24 m tief, 56 m hoch.

Das Gebäude steht auf Pfeilern, so dass der Boden für den Fussgängerverkehr, einen Autoparkplatz und Velofahrwege frei ist. In der Eingangshalle befindet sich ein Portierraum. In der über den Pfeilern liegenden künstlichen Grundfläche (Terrain artificiel) sind die Maschinerie für die Luftkonditionierung und die Liftanlagen, ferner Dieselmotoren installiert.

Das Gebäude enthält 337 Wohnungen von 23 verschiedenen Typen. Der kleinste Wohnungstyp ist für Alleinstehende oder kinderlose Ehepaare bestimmt, der grösste für Familien mit 4-8 Kindern. Je zwei Wohnungen sind längs des Korridors, der die ‚innere Strasse' (rue intérieur) bildet, ineinandergefügt. Die Standardwohnungen sind zweistöckig. Die Schallisolierung erfolgt durch ‚Bleischachteln'."[62] Der nebenstehende Längsschnitt und die Grundrisse geben einen Eindruck wie die verschiedenen Wohnungstypen angeordnet sind. Ausser den Wohnungen des Typs B für Junggesellen und Ehepaare ohne Kinder sind alle Wohnungen zweigeschossig. Die Zimmer sind 2,26 m, der Wohnraum 4,80 m hoch. Die Wohnungen des Typs E^2 reichen über die ganze Gebäudetiefe von der Ost- bis zur Westfassade. Die Wohnungen des Typs E^1 (halbe Gebäudetiefe) sind nur auf der Südseite angeordnet.

Alle Wohnungen basieren auf drei standardisierten Grundmodulen. Ein Modul, dasjenige, das auf dem Niveau der ‚inneren Strasse' liegt, umfasst Eingang, Küche, Essplatz und je nachdem entweder den Wohnraum oder den Luftraum über dem darunterliegenden Wohnraum. Seine Abmessungen sind: 8,25 m x 3,50 m x 2,26 m. Die beiden anderen Module (10,00 m x 3,50 m x 2,26 m) enthalten die restlichen Wohnungsteile, die entweder über oder unter dem Niveau der ‚inneren Strasse' liegen. Eines umfasst Elternzimmer und Bad, das andere zwei Kinderzimmer, Dusche und Hausarbeitsteil.

Auf der Grundlage dieser Module entstanden 6 Wohnungstypen. Typ A: Hotelzimmer (13 m^2, 18 Zimmer). Typ B: Wohnung für Junggesellen oder Ehepaare ohne Kinder (32,5 m^2, 27 Wohnungen). Er besteht aus dem Modul mit Eingang. Typ C: Wohnung für Ehepaare ohne oder mit einem Kind (59 m^2, 45 Wohnungen). Er ist aus je einem Eingangs- und einem Elternschlafzimmer-Modul zusammengesetzt. Typ E enthält alle drei Module. Typ E^1: Wohnung für Familien mit 2-4 Kindern (98 m^2, 13 Wohnungen). Typ E^2: Wohnung für Familien mit 2-4 Kindern (98 m^2, 196 Wohnungen). Typ G: Wohnung für Familien mit 4-8 Kindern (137 m^2, 35 Wohnungen).

„Das über zwei Etagen gehende Wohnzimmer ist 4,80 m hoch. Die Glaswand von 3,66 m Breite und 4,80 m Höhe gewährt eine prachtvolle Aussicht. Die Kücheneinrichtung gehört zur Wohnung und besteht aus: Dreilochherd (elektrisch), zweiteiligem Spühltisch mit automatischer Kehrichtentfernung, Kühlschrank, grossem Arbeitstisch, verschiedenen Wandschränken und Gestellen. Ein Abzugsschacht zur Entfernung der Küchengerüche ist der allgemeinen Ventilationsanlage angeschlossen.

In halber Höhe des Gebäudes (7. und 8. Stockwerk) befindet sich die Strasse mit den Lebensmittelgeschäften (Fleisch, Wurstwaren, Fisch, Kolonialwaren, Wein, Milch- und Milchprodukte, Backwaren, Obst und Gemüse, Fertiggerichte) mit Zubringerdienst in die Wohnungen. Ein Restaurant, eine Snackbar und ein Tearoom dienen der Verpflegung. Ferner sind vorhanden: Wäscherei, Glätterei, chemische Kleiderreinigung und Färberei, Drogerie, Coiffeur, Post, Tabakladen, Zeitungskiosk, Buchhandlung,

Apotheke. An der gleichen ‚rue intérieur' liegen die Hotelzimmer für die Gäste. Im obersten (17.) Stockwerk sind Krippe und Kindergarten eingerichtet, die mit einer für die Kinder reservierten Dachterrasse mit Schwimmbassin verbunden sind. Auf dem Dachgarten sind Aussichtsturm, Sonnenbad, Turnhalle, Freiluftturnplatz, Trainingsbahn von 300 m Länge, Buffet-Bar etc." [62]

Aus der Zweigeschossigkeit der Wohnungen ergibt sich „die Möglichkeit, 15 Wohnetagen mit nur 5 Innenstrassen zu versehen und folglich auch nur mit 5 Aufzugsstationen. Das gesamte Gebäude, das 17 Stockwerke umfasst (dazu kommen noch das Kellergeschoss und die Dachterrasse), wird von einer Aufzugs-Batterie bedient, deren Kabinen vom Kellergeschoss bis zur Dachterrasse nur elfmal anhalten. Diese Beschränkung der Zahl der Aufzugsstationen macht es möglich, die Geschwindigkeit der Aufzüge zu steigern, was wiederum zur Folge hat, dass die Zahl der Aufzüge auf vier beschränkt und damit dennoch eine ausreichende Verkehrsdichte erreicht werden konnte. Die Berechnung dieser Verkehrsdichte ergab, dass selbst in den Hauptverkehrsstunden und im ungünstigsten Falle die Bewohner nie länger als 35 Sekunden auf einen Aufzug warten müssen, gleichgültig, in welchem Stockwerk sie sich befinden und in welches Stockwerk sie fahren wollen." [63]

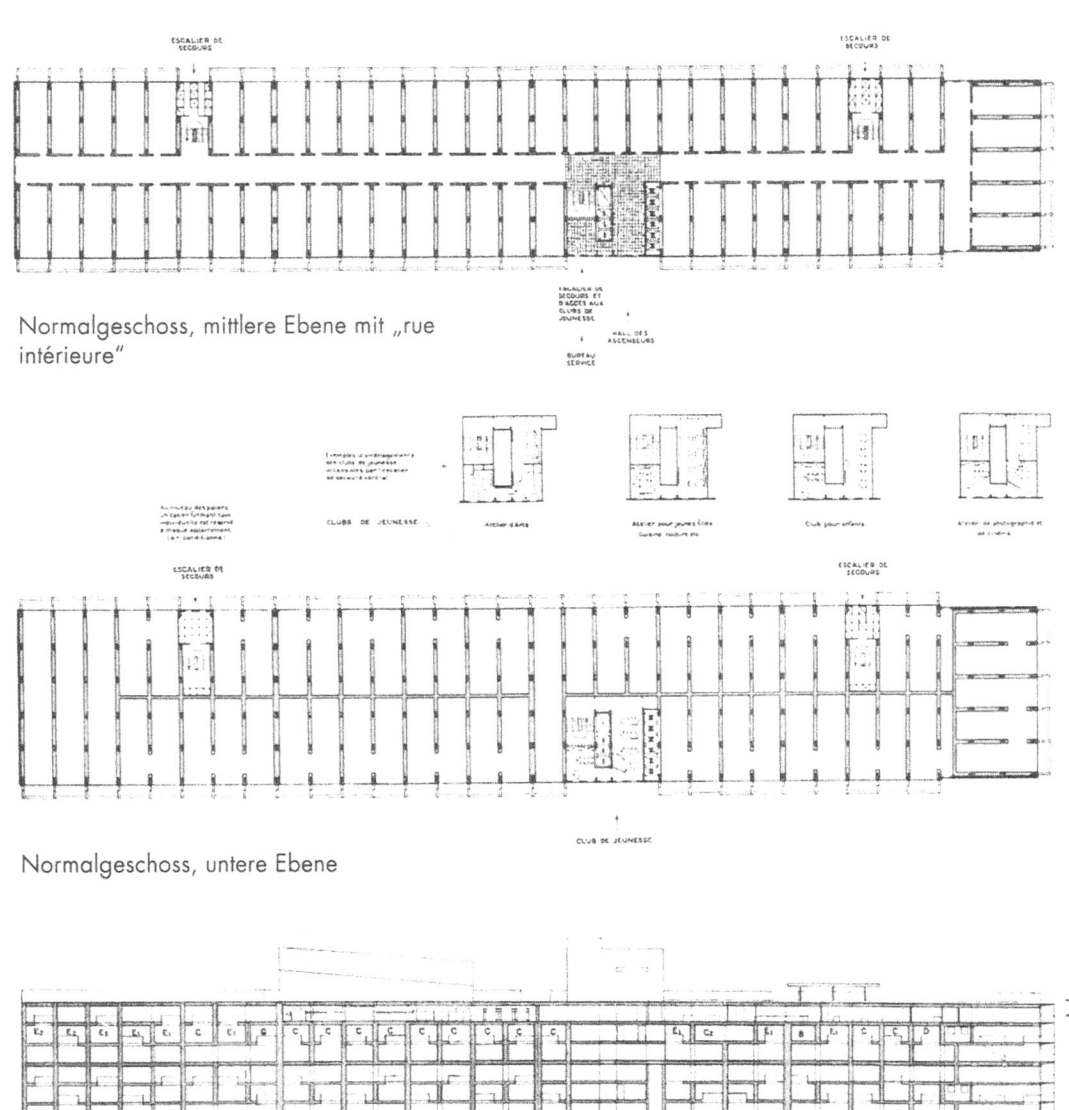

Normalgeschoss, mittlere Ebene mit „rue intérieure"

Normalgeschoss, untere Ebene

„a) die Hütte des Wilden, b) das Zelt des Nomaden, c) eine Flasche, c) eine Wohnung in Marseille, das eine der beiden Elemente des ‚Raumpaares'. Dieses Element ist ein abgeschlossenes Ganzes und ist unabhängig vom Boden oder Fundament. Es kann sich auch in der Mitte eines Eisenskelettbaus befinden. Form und Anordnung führen zur Bezeichnung ‚Flasche' und ‚Flaschengestell' für das Prinzip, das in Marseille Anwendung gefunden hat. Alle Teile der Flaschen werden einmal in der Werkstatt hergestellt werden können und müssen dann nur noch auf dem Bauplatz zusammengesetzt und mittels besonderer Hebevorrichtungen in die für sie bestimmten Stellen des Gerüstes eingefügt werden. Die untenstehende Zeichnung zeigt eine Flasche, die von einer Hand gefasst wird. Sie ist ein Behälter, hier in Form einer Wohnung, die wie eine Flasche, eine Einheit darstellt.

Die Wohnung ist ein Behälter, ein Fach. Dieser Behälter kann mittels Bleibändern auf das Gerüst montiert oder mittels äquivalenter Mittel am Gerüst aufgehängt werden. Bei der Beschaffenheit der Wohnung als isoliertes, einheitliches Ganzes wird sie zum Laboratorium. Biologie, Medizin und Sozialwissenschaften können hier ihr Forschungsfeld finden. Die Wohnung, so wie sie in Marseille verwirklicht ist, ist von allen äusseren Faktoren der Temperatur unabhängig, da sie von vier Wohnungen umgeben und den atmosphärischen Einflüssen nur an den beiden kleinsten Seiten (der Loggia-Sonnenbrecher) ausgesetzt ist. Aus der Orientierung Ost-West entsteht eine Luftbewegung zwischen den beiden Fassaden, die eine automatische Ventilation ergibt. Daher sind die Wohnungen im Sommer kühl, ohne Vorhänge oder Läden zu benötigen." [62]

2 Entrée
3 Wohn-, Esszimmer, Küche
4 Elternschlafzimmer, Bad
5 Schränke, Schäfte, Glättbrett. Dusche
6 Kinderschlafzimmer
7 Luftraum über Wohnzimmer

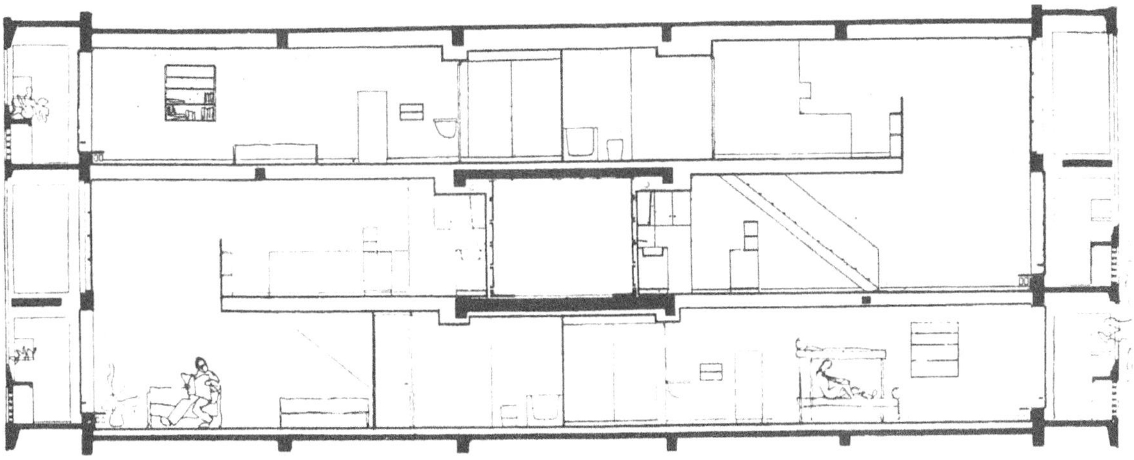

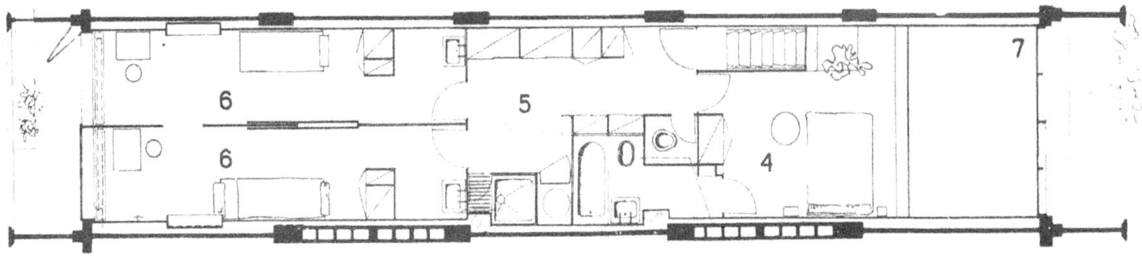

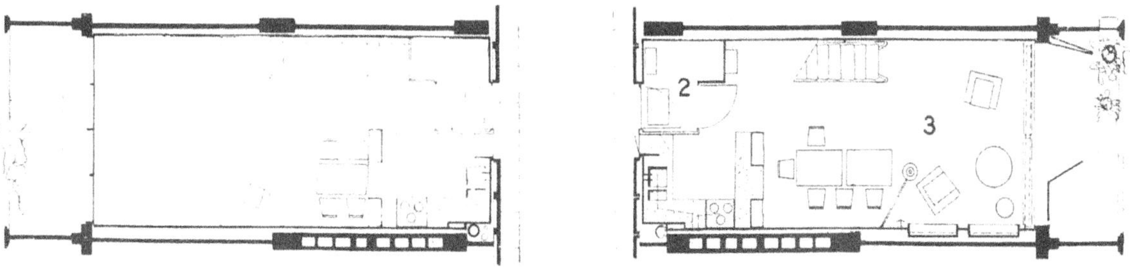

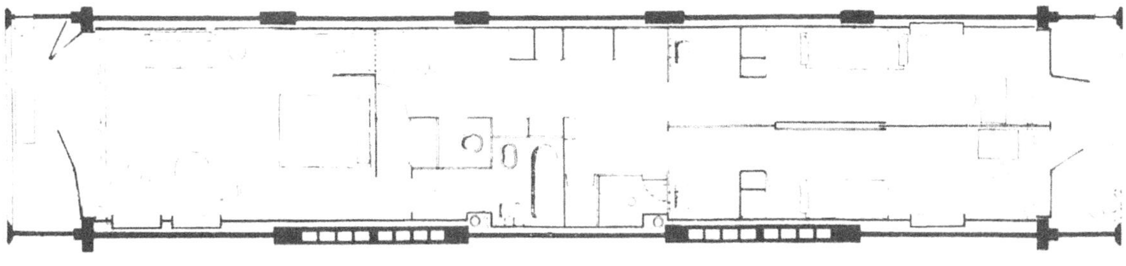

„…Der Bau der ‚Unité' von Marseille hat der neuen Architektur die Gewissheit gebracht, dass armierter Beton, als Rohmaterial verwendet, ebensoviel Schönheit besitzt wie Stein, Holz oder Backstein. Diese Erfahrung ist äusserst wichtig. Es erscheint nunmehr möglich, den Beton wie Stein in seinem Rohzustand zu zeigen. Früher war man der Meinung, der Zement wirke traurig, da er eine traurige Farbe besitze. Diese Meinung ist genau so falsch wie die Behauptung, eine Farbe sei an sich traurig. Eine Farbe erhält ihren Wert nur durch ihre Umgebung.

Der Bau der ‚Unité' von Marseille dauerte 5 schwierige und gefährliche Jahre, wobei die Zusammenarbeit dauernd gestört war. Denn die verschiedenen Unternehmer waren nicht aufeinander abgestimmt. Die Arbeiter erwiesen sich gegeneinander als gleichgültig, oft sogar im gleichen Arbeitsgebiet. So führten zum Beispiel die mit der Ausführung der Betonarbeiten betrauten Arbeiter und die Zimmerleute, die die Verschalungen herstellten, ihre Arbeit in der Meinung aus, die Fehler würden, wie es sonst üblich

ist, durch Verputzen oder Bemalen aus der Welt geschafft. An allen Ecken und Enden des Bauplatzes zeigte sich die fehlerhafte Ausführung!

Glücklicherweise hatten wir kein Geld! Lange habe ich mir den Kopf zerbrochen, wie diese Fehler berichtigt werden oder versteckt werden könnten. Aber die Aufgabe schien unlösbar, selbst wenn das Geld vorhanden gewesen wäre. Sicher ist, dass durch den Verputz eine Korrektur nicht möglich gewesen und die ‚Haut', die ‚Epidermis' des Baus, verdorben worden wäre. Auf dem rohen Beton sieht man die kleinsten Zufälligkeiten der Schalung: die Fugen der Bretter, die Holzfibern, die Astansätze usw… . Nun gut,

diese Dinge sind herrlich anzusehen. Sie sind interessant zu beobachten und bereichern die, die ein wenig Phantasie haben…"[62]

„Vor dem schlimmsten Fehler der ‚Unité' von Marseille, dem Geländer der Rampe, die zum Dach des Ruheraums für die Kinder führt, kam mir plötzlich die Idee, daraus etwas Schönes, hervorgerufen durch den Kontrast, zu schaffen und ein Gegengewicht zu finden. Ich versuchte, ein Zwiegespräch zwischen Roheit und Feinheit, zwischen Mattem und Leuchtendem, zwischen Präzision und Zufälligkeit herbeizuführen und auf diese Weise die Menschen zur Beobachtung und zum Nachdenken zu bringen. So schuf ich die triumphierende Farbigkeit der Fassaden von Marseille, deren Gelingen einem neuen Produkt zu verdanken ist, dem ‚Matroil'.

Es gelang mir auch, vom Ministerium einen kleinen Kredit zu erhalten, um einen sardischen Zementarbeiter, der sein Gewerbe gut versteht, zu bezahlen. Denn der Zement wird

misshandelt, und zwar nicht, weil dies technisch notwendig wäre, sondern aus Dummheit, und es gibt schlechte Arbeiter. Es brauchte eine ungeheure Energie, um zu erreichen, dass der französische Staat einen Zementarbeiter bezahlt, in den ich Vertrauen haben konnte und der fähig war, nach meinen direkten Anordnungen zu arbeiten und sie zu verstehen. Ich habe ihm die bestimmten Stellen des Baus gezeigt, wo er mit seiner Maurerkelle wie ein Bildhauer mit seinem Meissel zu wirken hatte. Und so hat das Wunder sich vollzogen. Die Kontraste haben gewirkt. Mit der Verwendung von Farben und der Hilfe der Maurerkelle ist die Schönheit des rohen Betons sichtbar geworden!"[62]

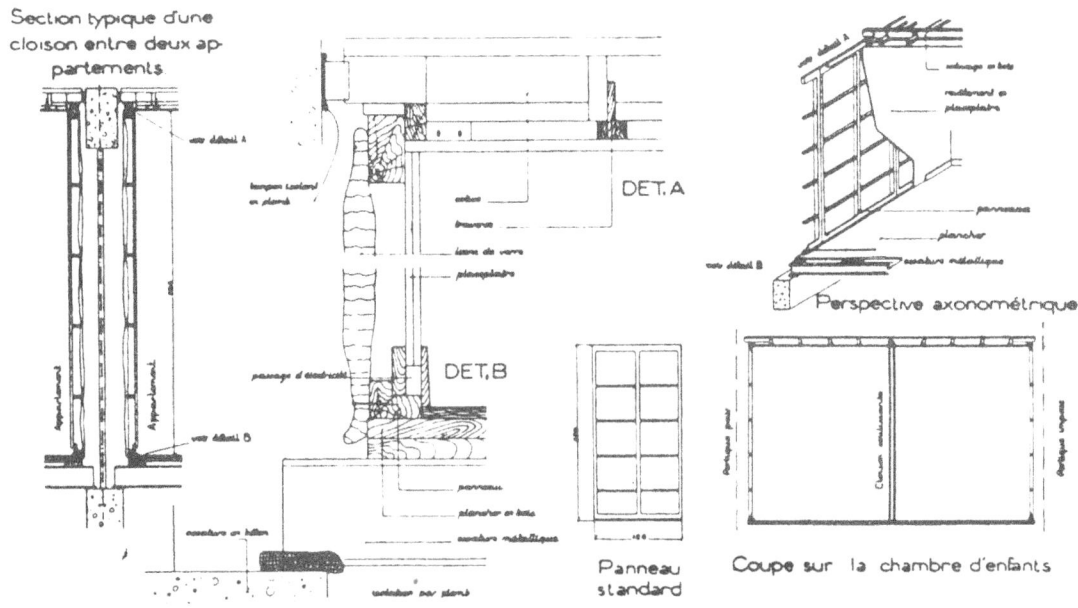

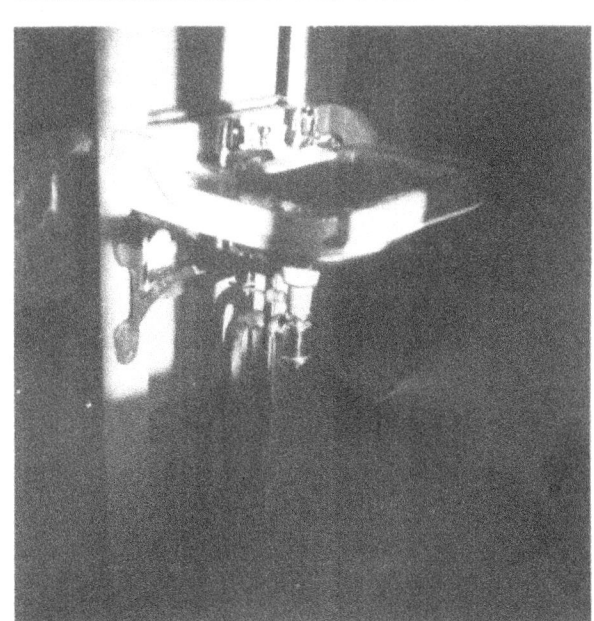

STANDARDISIERUNG ALS IDEE

DAS KONSTRUKTIV-KONZEPTIONELLE ENTWERFEN: DER PAVILLON SUISSE VON LE CORBUSIER, 1930-32

Der folgende Beitrag versucht, das gedankliche Gerüst lesbar zu machen, welches die Lage und die Beziehung der Räume der Einsatz von Material und Technik sowie die formalen Mittel in einem Bauwerk organisiert. Von Interesse ist also nicht allein die Erscheinung oder das Bild, sondern vielmehr die Genese der inneren Gesetzmässigkeit, welche das Bild widerspiegelt.

Ich wähle einen Bau aus der Manifest-Epoche der Modernen Architektur, weil sich dort deutlich und unmaniert die Postulate und die Methoden zu ihrer Verwirklichung darstellen lassen, welche die Architekturproduktion unseres Jahrhunderts wesentlich beeinflusst haben.

Die Pioniere der modernen Architektur waren von den Resultaten der Ingenieure und der Maschinenbauer so sehr fasziniert, dass die Metapher „La maison est une machine" als ein Aufruf verstanden werden kann, sich deren Methoden zu bedienen, den Entwurf eines Hauses wie das Konstruieren einer Maschine aufzufassen. Unsere Betrachtung geht davon aus, dem in jener Zeit entstandenen Systemparadigma in Wissenschaft und Technik folgend, das Objekt als einen organisierten Komplex von Teilen und ihren gegenseitigen Beziehungen zu verstehen. Teile waren in dieser Analogie die räumlichen, konstruktiven und formalen Elemente eines Entwurfs; Beziehungen sind die Gesetzmässigkeiten, welche durch Bauherr, Architekt und Öffentlichkeit in organisatorischer, bautechnischer und ästhetischer Hinsicht ins Spiel gebracht werden.

Aufgabe und Regeln

Der Pavillon Suisse ist Teil der Cité universitaire in Paris. Er wurde 1930-1932 gebaut und ist der einzige Bauauftrag, den Le Corbusier von der Eidgenossenschaft je erhielt. Das Raumprogramm sah zwischen 40 und 50 Studentenzimmer vor, eine Wohnung für den Direktor sowie Zimmer für das Personal. Weiter eine Concierge-Wohnung und ein „refectoire" als Gemeinschaftsraum für die Studenten. Das Terrain, nahe der Porte d'Orleans, ist ein ehemaliger Steinbruch, aus dem bis zu einer Tiefe von etwa 20 m im Tag- wie im Stollenbau Steine gebrochen worden waren und der längst mit Schutt und Abfall aufgefüllt, ein gesichtsloses Stadtrandgebiet darstellte, mit Ausnahme des Ausblickes auf die zukünftigen Sportanlagen der Cité. Ausser den Himmelsrichtungen boten sich keine Gegebenheiten an, an denen sich der Architekt hätte orientieren können. Gestaltbildende Energie musste also allein aus dem Nutzungsprogramm der Aufgabe kommen und aus dem, was der Architekt, einer Mitgift gleich, in die Aufgabe hineinträgt; um das Inventar dieser Mitgift hat sich der „homme de lettres" wie sich Le Corbusier in seinem Pass bezeichnete, stets bemüht, und er formuliert es, auf den Pavillon Suisse bezogen: „Cette construction n'est pas une fantaisie architecturale, c'est une demonstration. C'est, en réalité, un laboratoire qui a permis de fixer certains points pour l'avenir du probleme architectural contemporain. On peut résumer ses caractéristiques en quelques principes essentiels:

1. Principe des pilotis;
2. Standardisation des éléments en vue de leur utilisation la plus rationnelle en vue de ‚l'industrialisation';
3. Principe de la ‚construction à sec';
4. ‚Pan de verre'. "

Er nimmt damit auf die „5 points d'une Architecture Nouvelle" bezug, die er 1926 formuliert hatte: 1. Les pilotis, 2. Les toits jardins, 3. Le plan libre, 4. L fenêtre en longueur, 5. La façade libre.

Standardisation des éléments

Für die Organisation des Bauvolumens bedient sich Le Corbusier eines der wichtigsten Prinzipien industrieller Produktion: der Standardisierung. „Standard! - Le problème de la standardisation est également le problème des temps modernes. Il s'attache à toutes mes préoccupations, à toutes mes recherches qui se groupent autour d'une idée fondamentale: la grande industrie s'empare du bâtiment (. . .) ." Architektonisch gesehen äussert sich das Prinzip der „standardisation des elements" in der bezüglich Installation, Ausrüstung und Abmessung minutiös geplanten

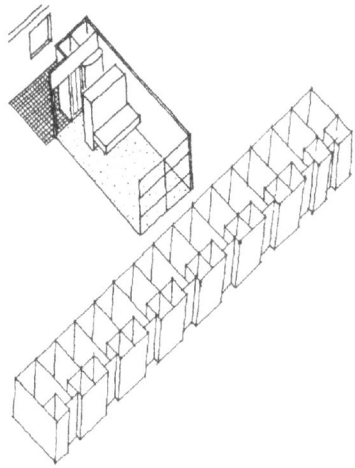

eine ungleiche Konstellation dieser Eingangsnischen an den Gebäudeköpfen. Aus der einfachen, einem Rechteck eingeschriebenen Packung der Hauptnutzung des Pavillons werden alle Neben- und Komplementärnutzungen wie Toiletten, Putzräume, Lift und Treppe in gleichsam algebraischer Manier ausgeklammert und in eine freie Sonderform einbeschrieben. Durch Stapelung des so entstandenen Normalgeschosses entsteht der Körper des Dormitoriums.

Auf dem Dach werden die ebenfalls nicht zu der Packung der Studentenzimmer gehörende Direktorenwohnung und die Dienstbotenzimmer untergebracht. Für die Studenten wurde im ersten Entwurf ein grosszügiger Dachgarten vorgesehen. Doch, als die Zimmerzahl endgültig auf 50 festgelegt wurde, mussten die fehlenden Einheiten unter teilweiser Aufgabe des Solariums auf dem Dach plaziert werden.

Festlegung des Hauptnutzungselementes „la chambre standard d'étudiant". Es ist mit einem Schrankelement versehen, welches ein Lavabo enthält und den Schlaf- und Arbeitsbereich von der Nasszone mit Dusche abtrennt. Die lineare Packung dieser Zimmer ist von der strikten Gleichbehandlung in bezug auf die Orientierung und die Aussicht auf die Sportplätze bestimmt. Erschlossen werden sie über eine Art von Schlafwagen-Korridor mit endständigen Nebenräumen, einem Reduit und einer Badekammer. Als Ausweichplatz im engen Korridor werden die Eingänge von zwei Zimmern jeweils zu einer kleinen Nische zusammengefasst. Diese „Verzapfung" zwischen Korridor und Zimmerflucht bewirkt, als räumliche Gliederung, die Zählbarkeit des Standardelements und erleichtert damit die Orientierung. Aus der Arithmetik der Verteilung der geforderten Zimmerzahl innerhalb der von der Parzellengrösse bestimmten Länge des Baukörpers ergab sich schliesslich

Les pilotis

Den prismatischen Hauptbau vom Boden abzuheben, ist das Produkt eines technischen Sachverhalts und einer Vorstellung, die Le Corbusier aus seiner Beschäftigung mit den Stadtbauproblemen der Zeit nach dem Ersten Weltkrieg gewonnen hatte: „Le principe du pilotis, qui provoque si fréquemment l'étonnement du public, est en réalité une pure conséquence des techniques modernes: économie d'argent, économie de place. Sa conséquence directe est de permettre d'envisager, pour l'avenir des villes, la récupération totale du sol pour la circulation." Konstruktiv gesehen, wird das Haus, da der tragfähige Baugrund erheblich tiefer liegt, auf Pfahlfundamente gestellt, die nun bis zum 1. Obergeschoss verlängert werden. Die Lasten des prismatischen Blockes werden von zwei

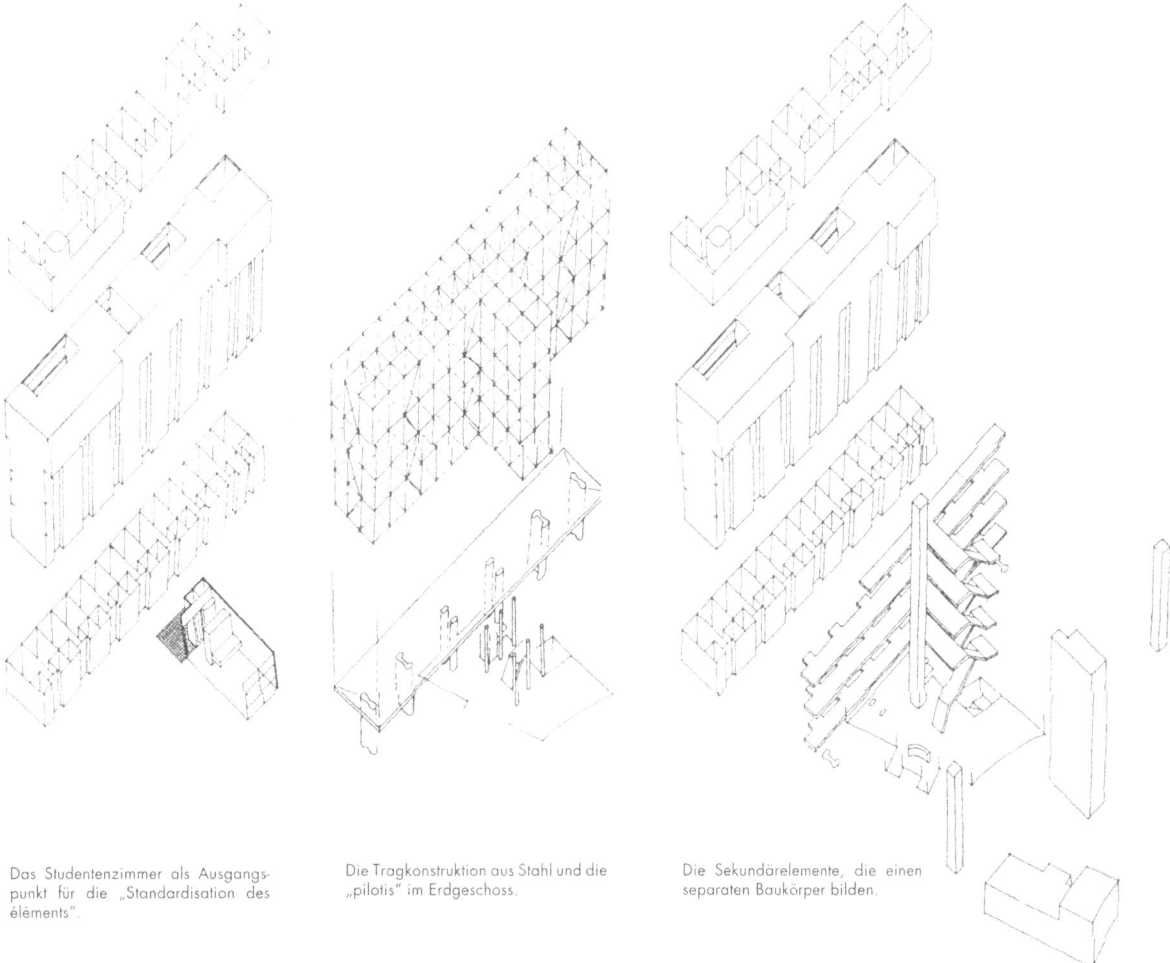

Das Studentenzimmer als Ausgangspunkt für die „Standardisation des éléments".

Die Tragkonstruktion aus Stahl und die „pilotis" im Erdgeschoss.

Die Sekundärelemente, die einen separaten Baukörper bilden.

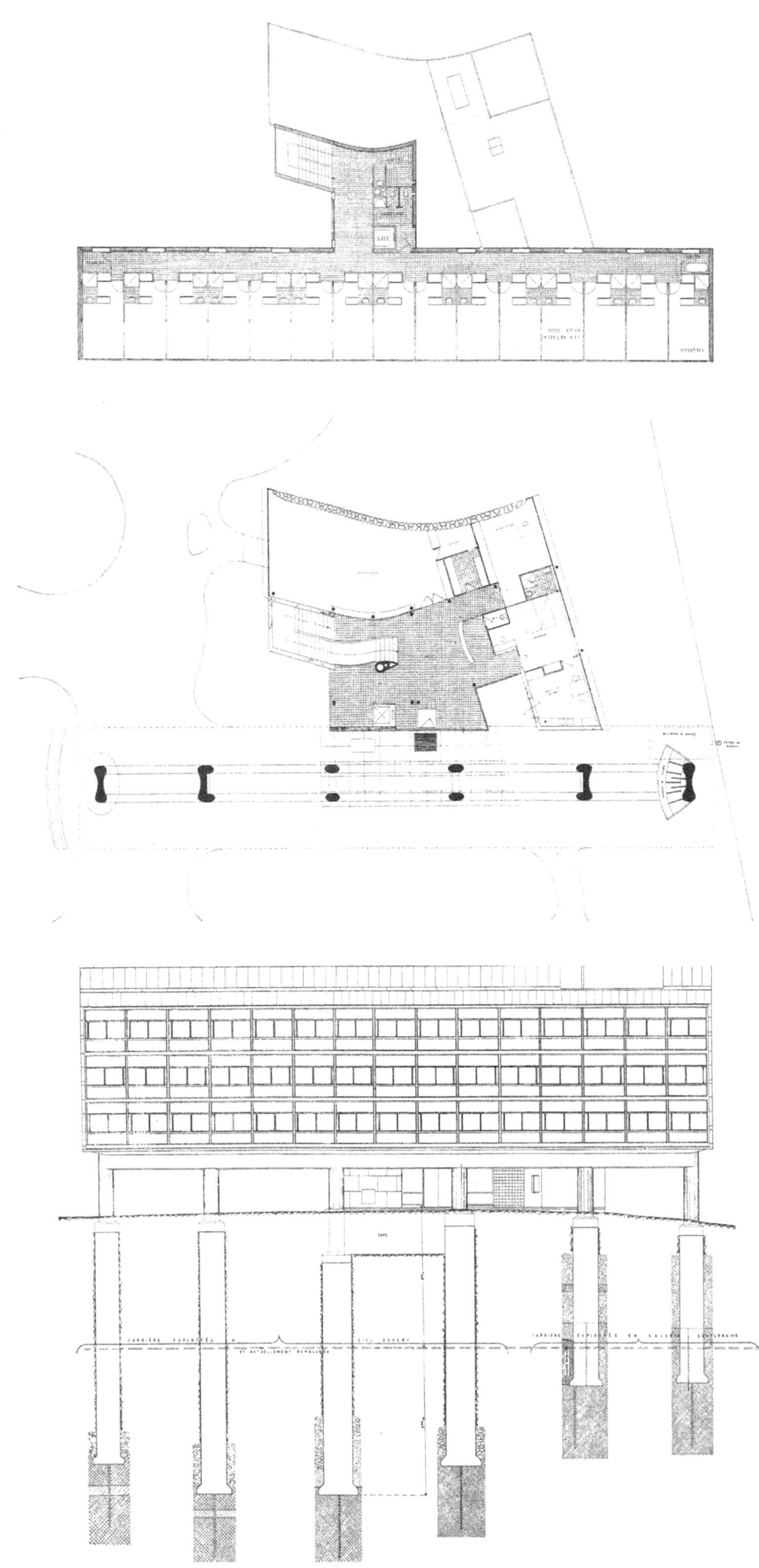

grossen Längsträgern abgefangen und auf die „pilotis" umgelenkt.

Die Installationsleitungen der Zimmer müssen wegen des auf „pilotis" stehenden Gebäudes unter der abgehängten Decke im Korridor der Länge des Gebäudes nach zum Treppenturm geführt werden. Diese Analogie zwischen Personen- und Installationsführung ist eine logische Konsequenz des Gebäudes. Sie ist bei diesen Gebäudedimensionen und der geringen Komplexität der Installationsanlage auch unbedenklich. In der Unité d'habitation in Marseille 1946-1951 wird Le Corbusier für die Heizungs-, Lüftungs- und Sanitärinstallation ein separates Subsystem entwickeln.

Das Abheben des Dormitoriums vom Boden verleiht dem Bau in seiner vorstädtischen Landschaft jene Präzision, die den Status des modernen Wissenschaftlers in der damaligen Zeit treffend zum Ausdruck bringt. Noch heute, wo das Bauwerk von anderen Bauten umstellt und eingewachsen ist, verleiht ihm das freie Erdgeschoss eine erfrischende Allure.

Durch diese spannungsvolle Zone des „befreiten Stadtbodens" erreicht man die Eingangshalle, wo auch Lift und Treppe – die aus dem Hauptbaukörper „ausgeklammerten" Nutzungsteile – eintreffen. Wir verstehen nun, dass diese Ausklammerung nötig ist, um die Stabilität des Baukörpers sicherzustellen, die durch die „pilotis" (senkrecht zur Dormitoriumslängsrichtung) nicht besteht. Um den Verkehrsknotenpunkt der Eingangshalle gruppieren sich das Refektorium mit Office und kleiner Küche, das Direktorenbüro, die Concierge-Wohnung mit Loge sowie kleine Warte und Konversationsnischen.

Die charakteristische Form mit der vom Hauptbaukörper weggedrehten Front von Wohnung und Büro und dem ausschwingenden Refektorium begründet Le Corbusier mit der Knappheit des Budgets. „L'exiguité du budget a obligé à réduire au minimum toutes les dimensions, quelles qu'elles soient. Mais par des déformations voulues, le hall et la salle de bibliothèque arrivent à donner l'impression d'espace suffisant." Die schwingenden Formen, die Durchsicht durch die Hallentrennwand auf die grosse, helle Rückwand des Refektoriums mit der Montage fotografischer Vergrösserungen bewirken einen Kontrast zur strengen Geometrie des Dormitoriums, welcher mit der Materialisierung noch verstärkt wird, indem die geschwungene Rückwand des Refektoriums in Feldsteinen ausgeführt ist, wodurch diese mit dem Boden verbundene Funktion in einem spannungsvollen Verhältnis zum verkleideten Gerüst des Dormitoriums steht.

Construction à sec

Dieses Postulat entwickelte sich aus der Vision einer industriellen Herstellung von Häusern, die an Ort und Stelle nur noch montiert werden. Die Tendenz zur Reduktion der Arbeitsgattungen auf dem Bauplatz hat tiefe Wurzeln in der kolonialen Emigration, den protoindustriellen Kriegen, dann aber Anfang dieses Jahrhunderts in den Hoffnungen, die sich mit dem neuen Material Beton verbanden. Was le Corbusier anbetrifft, forderte er 1925 unter dem Eindruck der Möglichkeiten der Betontechnik „un seul corps de métier", die Reduktion der Bauarbeiten auf Maurer- und Schreinerarbeiten.

Aus diesem Postulat amalgamierte sich nun eine Bautechnik für den Pavillon Suisse, der prototypisch für viele spätere Bauten von Le Corbusier werden sollte. Im Pavillon Suisse beschränkt sich die „construction à sec" einstweilen auf die Zwischenwände, die Aussenwandverkleidung und die Fensterfront des Dormitoriums. Die „Maschen" des Stahlskeletts werden horizontal mit Hourdisdecken in Stockwerke unterteilt und vertikal mit Holzlattenrosten ausgefacht, welche mittels einer Dämmatte getrennt sind, um die Zimmer akustisch zu isolieren. Auf diese Unterkonstruktion werden Gipsdielen oder Sperrholzplatten aufgeschraubt.

Das Stahlfachwerk der Aussenwände wird mit einem Mauerwerk aus Backstein ausgefacht und mit Steinplatten verkleidet. Die Plattenteilung hebt die Brüstungshöhe mit einem schmalen Band heraus und macht mit dem sich ergebenden Linienspiel die sorgfältige Proportionierung des Baukörpers sichtbar.

Le pan de verre

Das Prinzip des „pan de verre" verlangt Zimmerfenster im Sinne der, einem Kriegsruf ähnlich, von Siegfried Giedion publizierten Forderung nach Licht, Luft und Sonne. Durch die Schiebefenster und die geschosshohen Vorhänge als Sicht- und Sonnenschutz bleibt dem „pan de verre" das Schicksal erspart, eine langweilige und ausdruckslose Aufreihung von gleichförmigen Elementen zu werden, indem die individuelle Reaktion der Bewohner auf Sonne und unerwünschten Einblick eine bewegliche Ordnung auf dem Hintergrund einer stets klar ablesbaren Matrix der Zimmereinheiten ergibt.

Der „pan de verre" bedeutet auch nicht einfach die undifferenzierte Verpackung des Baukörpers mit einer Glashaut. Es wird deutlich unterschieden zwischen Öffnungen und Geschossen mit einer Beziehung zwischen Innen und Aussen. So sind die Kopfseiten des Prismas geschlossen und die Korridorseite ist nur mit kleinen quadratischen Luken, durch das Weglassen einzelner Fassadenplatten der „trockenen", Verkleidung, geöffnet. Im Refektorium wird der „pan de verre" gegen aussen wie gegen die Halle hin in spielerischer Variation ebenfalls eingesetzt.

Die Auffassung Le Corbusiers zum Thema der Beziehung zwischen Innen- und Aussenwelt hat sich in der Folge gewandelt. Dem „pan de verre" war in späteren Projekten, möglicherweise aus der Erfahrung mit Bauprojekten in Südamerika, eine „brise soleil" vorgesetzt, wie dies z.B. mit demonstrativer Deutlichkeit in der Textilfabrik von St-Dié 1946-1951 vorgetragen wird.

Rekapitulation
Die analytischen Zeichnungen sollen nun eine Vorstellung vermitteln, wie Le Corbusier das Volumen des Studentenhauses unter Anwendung des Prinzips der „standardisation des elements" zustande kommen lässt. Das wiederholbare und einfach zusammenstellbare Element – das Studentenzimmer – wird gereiht und gestapelt. Zusammen mit dem Korridor gibt es dem prismatischen Baukörper seinen einheitlichen Charakter. Die ausgeschiedenen Sonderelemente bilden einen separaten Baukörper. Das Konzept der Gegensätze – geometrische Strenge und Ökonomie der Zimmergeschosse gegenüber der freien Form und Grosszügigkeit der Eingangshalle – vereint zwei Aspekte des damaligen Zeitgeistes. Zum einen natürlich das rationalistische Ideal der Industrialisierung, zum andern verkörpern die kollektiven Räume des Erdgeschosses mit ihrer der Weltsicht des Kubismus stammenden gleichzeitigen Erlebbarkeit von Innen und Aussen das Raumerlebnis einer neuen Welt, von der gefordert war, sie solle in jeder Hinsicht transparent sein, sowohl wörtlich wie auch im übertragenen Sinn der Gleichzeitigkeit.

Diesem räumlich-organisatorischen und phänomenalen Aspekt des Entwurfsprozesses überlagert sich ein materiellkonstruktiver. Er besteht erstens darin, dass der tragfähige Boden 19,5 m unter der Erdoberfläche liegt und Pfahlfundamente verlangt. Le Corbusier verlängert diese zu „pilotis" im Erdgeschoss. Der freie Raum unter dem Hauptbaukörper und der separate Baukörper daneben lösen in ihrem Zusammenspiel gleichzeitig räumliche und konstruktive Probleme (Stabilität gegen Kippen).

Zweitens wird durch die gleichförmige Addition von Zellen über drei Geschosse ein räumliches Gitter gebildet. Die direkte Umsetzung dieser abstrakten Vorstellung in ein Tragwerk aus Stahlprofilen liegt nun auf der Hand. Das Stahlskelett erlaubt auch die Realisierung der zwei verbleibenden Prinzipien, welche jeweils Innenraum und Aussenraum bestimmen: die „construction à sec" und der „pan de verre".

ADDENDUM

Anmerkungen

[1] Werk, Bauen+Wohnen, vol. 74/41 (1987), Nr. 1/2. Mit Beiträgen von Ernst Hubeli („Einleitung", Gesprächsrunde: „Man konstruiert wieder"), Bruno Reichlin („Eine Strukturanalyse: Das Einfamilienhaus von Le Corbusier und Pierre Jeanneret auf dem Weissenhof"), Heinz Ronner („Standardisierung als Idee"), Emil Rysler und Jan Verwijnen („Der Stellenwert der Konstruktion"), Ulrike Jehle-Schulte Strathaus („Konstruktion und Form: Drei konstruierte Bauten").

[2] Verwijnen, Jan: „Die Verwendbarkeit von strukturellen Komponenten des konstruktiven Entwerfens für CAD". Kommission zur Förderung der wissenschaftlichen Forschung; Lehrstuhl Prof. H.Ronner, ETH-Zürich; Suter+Suter Generalplaner, Basel; 1987. Zum Teil veröffentlicht in: „Is CAD a new medium?", arkkitehti 1988, Nr. 7-8, S. 62 ff. Siehe auch Anmerkung 36.
Rysler, Emil: „Kunde der Übergänge". Stifung zur Föderung des Bauwesens; Lehrstuhl Prof. H. Ronner, ETH-Zürich; 1988. Veröffentlicht in: „Beiträge zur Baukonstruktion", Docu-Bulletin, Schweiz. Baudokumentation: 1. „Detail und Bild", vol. 20 (1988), Nr. 3, S. 13 ff; 2. „Modellvorstellung der Gebäudehülle", vol. 20 (1988), Nr. 9-10, S. 14 ff; 3. „Über den bewussten Umgang mit konstruktiven Schichten", vol. 21 (1989), Nr. 2, S. 4 ff; 4. „Steildach", vol. 21 (1989), Nr. 11, S. 13 ff.

[3] Oswald, Franz: „Plan und Planung". Antrittsvorlesung an der Eidgenössischen Technischen Hochschule ETH, Zürich, Februar, 1974.

[4] Hoesli, Bernhard: „Entwerfen lernen". In: Werk, Bauen und Wohnen, vol. 70 (1983), Nr. 3. Hoesli, Bernhard: „Das Verhältnis von Funktion und Form in der Architektur als Grundlage für die Ausbildung der Architekten". In: Schweizerische Bauzeitung, vol. 79 (1961), August.

[5] Hoesli, Bernhard: „Der Anfang". Lehrpapier für den ersten Jahreskurs 1973/74, ETH-Zürich.

[6] Schneider, Spieker, Scholl: „Bausystem Marburg". Kempkes, Gladenbach, 1966.

[7] Bollnow, O.: „Mensch und Raum". Kohlhammer, Stuttgart, 1984.

[8] Ricken, H.: „Der Architekt; Gechichte eines Berufs". Bauakademie der DDR, Schriften des Instituts für Städtebau una Architektur. Henschelverlag Kunst & Gesellschaft, Berlin, 1977.

[9] Oliver. P.: „Shelter and Society". London, 1969.

[10] Hier sei auf die Diskussion im Zusammenhang mit den Sätzen von Louis Sullivan und Louis I. Kahn verwiesen: „Form follows Function" versus „Form evokes Function".

[11] Hier wird der Begriff Funktion in seinem systemtheoretischen Kontext verwendet.

[12] Schulze, F.: „Ludwig Mies van der Rohe". New York, 1989.

[13] Van de Ven: „Space in Architecture". Maastricht, 1987.

[14] Le Corbusier er Pierre Jeanneret: „Œuvre complète", vol. 1 (1910-29); Hrsg.: Boesiger W. und Stonorov O., Les Édition d'Architecture, Zürich, 1964.

[15] Rasch, Heinz und Bodo: „Wie Bauen". Stuttgart, 1928.

[16] Klotz, H.: „Das Prinzip Konstruktion". Prestel, München, 1986.

[17] Benevolo L.: „Corso di disegno". Ed. Laterza, Rom, 1974.

[18] In Analogie zu Kleist: „Vom Verfertigen von Gedanken beim Sprechen".

[19] Jenny, P.: „Aspekte zur sensuellen Wahrnehmung". ETH-Zürich, 1984.

[20] Studer, A.: „Zeit, Raum, Norm". Seminararbeit bei Prof. S. Giedion, ETH-Zürich, 1952.

[21] Kayser, H.: „Lehrbuch der Harmonik". Zürich, 1950.

[22] Naredi-Rainer, P.v.: „Architektur und Harmonie". Du Mont, Köln, 1982.

[23] „modulus" (Masseinheit) und „embater" (Säulendurchmesser) bedeuten bei Vitruv beinahe dasselbe.

[24] Rowe, Koetter: „Collage City". Deutsche Fassung: Hoesli, B., Birkhäuser, Basel, 1984.

[25] Loderer, B.: „Der Innenraum des Aussenraums ist der Aussenraum des Innenraums". Diss. Tech. Wiss., Nr. 6786.0000, ETH-Zürich, 1981.

[26] gr. morphe/lat.forma (siehe auch Brockhaus).

[27] Le Corbusier: „Traces Regulateurs". In: Architecture Vivante, 1929.

[28] Rowe, Slutzky, Hoesli: „Transparenz". Le Corbusier Studien 1; Birkhäuser, Basel, 1968.

[29] Schlanger, J.E.: „Metaphore et Invention". Diogenes, Nr. 69, 1970.

[30] Ronner, Jhaveri: „L.I. Kahn; Complete Work 1935-74". Birkhäuser, Basel, 1987.

[31] Wieser, W.: „Organismen Strukturen Maschinen". Fischer, Frankfurt a.M., 1959.

[32] Reckmeyer, W.J.: „The Emerging Systems Paradigm". Dissertation 1982; Washington, DC.

[33] Moholy-Nagy, L.: „Von Material zu Architektur". Passau, 1929, The New Vision; Wittenborn, New York, 1932.

[34] Sumi, Ch.: „Immeuble Clarté, Genf, 1932". gta, Institut für Geschichte und Theorie der Architektur, Nr. 19, ETH Zürich, 1989.

[35] Germann, Georg: „Einführung in die Geschichte der Architekturtheorie". 1980. Darmstadt, 1980. Vitruv: „10 Bücher über die Architektur". Übersetzer: C. Fensterbusch. Darmstadt, 1981. Beide Bücher: Wissenschaftliche Buchgesellschaft.

[36] Rysler, E.: „Design as an Interpretive Search Based on Associations and Limitations". Sixth Annual ACSA Technology Conference, San Francisco, 1988. Siehe auch Anmerkung 2.

[37] Ronner, H.: „Zur Methodik des konstruktiven Entwerfens", Rysler, E.: „Beiträge zur Baukonstruktion". Stiftung zur Förderung des Bauwesens; Lehrstuhl Prof. H.Ronner, ETH-Zürich, 1991. Siehe auch Anmerkung 2.

[38] siehe: Theorie zum DOMINO-Projekt, 1914 in: Le Corbusier er Pierre Jeanneret: „Œuvre complète", vol. 1 (1910-29); Hrsg.: Boesiger W. und Stonorov O., Les Édition d'Architecture, Zürich, 1964.

[39] Im Gegensatz zu den Architekten bezeichnen die Bauingenieure mit Massivbauweise alles, was in Beton und Mauerwerk gebaut ist. Dieser Mangel an Trennschärfe ist aus der Entwicklung der Ingenieurlehre an den Hochschulen bedingt, wo ein Lehrstuhl für „massive" Brücken in Naturstein mit der Entwicklung des Eisenbetons auch diese Technik zu übernehmen hatte.

[40] Text unter der perspektivischen Skizze der Eingangseite (ESH.5). Siehe: Ronner, H., Jhaveri, S.: „Louis I. Kahn, Complete Work 1935-1974". Birkhäuser, Basel, 1977.

[41] Venturi, R.: „Komplexität und Widerspruch in der Architektur", S. 187 ff; Hrsg.: Klotz, H.. Bauwelt-Fundamente 50, Vieweg-Verlag, Braunschweig, 1978.

[42] Zschokke, W. in: Werk, Bauen+Wohnen, vol. 79/46 (1992), Nr. 12, S. 24 ff.

[43] Ungers, O.M.: „Bauten und Projekte 1951-1984", S. 70 ff; Hrsg.: Klotz H.. Vieweg-Verlag, Braunschweig, 1985.

[44] Fleig, K.: „Alvar Aalto". Verlag für Architektur Artemis, Zürich, 1984.

[45] Hofer, P.: „Halen vom Bewohner aus", in: Werk, vol. 50 (1963), Nr. 1, S. 66 f.

[46] Meili, M., Peter, M. in einem Gespräch mit Reichlin B.; Werk, Bauen+Wohnen, vol. 80/47 (1993), Nr. 11, S. 16 ff.

[47] Schindler, R. übersetzt in: Sarnitz, A.: „R.M. Schindler Architect 1887-1953", Hrsg.: Peichl, G.. Verlag Brandstätter, Wien, 1986.

[48] P.E. in: Werk, Bauen und Wohnen, vol. 67/34 (1980), Nr. 7/8, S. 31.

[49] U.J. in: Werk, Bauen und Wohnen, vol. 67/34 (1980), Nr. 7/8, S. 41f.

[50] Diener & Diener, Hrsg.: Jehle-Schulte Strathaus, U., Steinmann, M.. Wiese Verlag, Basel, 1991

[51] Rysler E., Verwijnen, J.: „Bautenanalyse", Seminarwoche, Lehrstuhl Prof. H. Ronner, ETH-Zürich, 1985.

[52] Rysler E.: „Ort, Raum, Detail; Neue Bauten und Projekte von Clark und Menefee", in: Werk, Bauen+Wohnen, vol. 75/42 (1988), Nr. 6, S. 4 ff.

[53] Meier R.: „Buildings and Projects 1966-76", S. 23 ff. Oxford University Press, New York, 1976.

[54] Werk, vol. 53 (1966), Nr. 12, S. 476.

[55] Le Corbusier: „Der Modulor", Band 1. Deutsche Verlags-Anstalt, Stuttgart, 1978.

[56] Grehry. F. in: „The Architecture of Frank Gehry", S. 180. Walker Art Center, 1986.

[57] „Das Selbe und das Besondere", ein Gespräch mit J.Herzog und P.de Meuron in: Werk, Bauen+Wohnen, vol. 80/47 (1993), Nr. 10, S. 14 ff.

[58] Huber, P., Meili, M.: „Bemerkungen zur Casa del Fascio von G. Terragni in Como", Diplomfach-Arbeit, ETH-Zürich, 1979.
Benevolo, L.: „Geschichte der Architektur des 19. Jahrhunderts, Band 2. Deutscher Taschenbuch Verlag, WR 4316, München, 1978.
Zevi, B.: „Guiseppe Terragni". Zanichelli Editore, Bologna, 1980.
Siehe auch: Pfamatter, U., „Moderne und Macht, 'Razionalismo': Italienische Architekten 1927-42". Bauwelt Fundamente 85, Vieweg & Sohn, Braunschweig, 1990.

[59] Le Corbusier: „Une petite maison". Edition d'Architecture, Zürich, 1923

[60] Le Corbusier: „Kommende Baukunst". Deutsche Verlags-Anstalt, Stuttgart, 1926. In einer Neuauflage: „Ausblick auf eine Architektur". Bauwelt Fundamente 2, Vieweg & Sohn, Braunschweig, 1963.

[61] Le Corbusier: „Feststellungen zu Architektur und Städtebau". Bauwelt Fundaamente 12, Vieweg & Sohn, Braunschweig, 1964.

[62] Le Corbusier: „Œuvre Complet", vol. 5 (1946-52), Hrsg.: Boesiger W., Les Éditions d'Architecture, Zürich, 1953.

[63] „Das moderne Wohnhochhaus", Bau 3, „wohnen, arbeiten, sich erholen", ca. 1947. Für eine ausführlichere zeitgenössische Beschreibung siehe: „L'Homme et l'Architecture", numéro spécial 11-12 – 13-14, Paris, 1947.

Abbildungen

Titelblatt: Ausschnitt aus der Tafel „suppl. Pl. 2" in: Diderot et d'Alembert: „l'Encyclopédie des Sciences, des Arts et des Métiers". Nouv. éd., Genf, 1777-79.
Seite 25: „L'Homme et l'Architecture", numéro spécial 11-12 – 13-14, S. 93, Paris, 1947.
Seite 26: Rysler, E.: „Design as an Interpretive Search Based on Associations and Limitations". Sixth Annual ACSA Technology Conference, San Francisco, 1988.
Seite 27: Ronner, H.: „Zur Methodik des konstruktiven Entwerfens", Rysler, E.: „Beiträge zur Baukonstruktion". Stiftung zur Förderung des Bauwesens; Lehrstuhl Prof. H.Ronner, ETH-Zürich; 1991.
Seite 28: Rysler, E., Verwijnen, J.: „Bautenanalyse", Seminarwoche, Lehrstuhl Prof. H.Ronner, ETH-Zürich, 1985.
Seite 34: Ronner, H., Jhaveri, S.: „Louis I. Kahn, Complete Work 1935-1974", Birkhäuser, Basel, 1977.
Seite 35: von Moos, S.: „Venturi, Rauch & Scott Brown, Buildings and Projects", Rizzoli, New York, 1987. Schwartz, F.: „Mutters Haus", Wiese-Verlag, Basel, 1992.
Seite 36: Zodiak 20 (1971).
Seite 37: Faces 1992, Nr. 26, S. 15 ff.
Seiten 38-39: Ungers, O.M.: „Bauten und Projekte 1951-1984",S. 70 ff; Hrsg.: Klotz H., Vieweg-Verlag, Braunschweig, 1985. Bauwelt. vol. 62 (1971), Nr. 47/48, S. 1920 ff. Isometrie U.B. Roth.
Seite 40: Fleig, K.: „Alvar Aalto", Verlag für Architektur Artemis, Zürich, 1984.
Seite 41: Werk, vol. 50 (1963), Nr. 1, S. 58 ff.
Seite 42: Habraken N.J., Boekholt J.T., Thijssen A.P., Dinjens P.J.M.: „Variations, The Systematic Design of Supports", MIT Laboratory of Architecture and Planning, MIT Press, Cambridge, 1976.
Seite 43: Werk, Bauen+Wohnen, vol. 80/47 (1993), Nr. 11, S. 16 ff.
Seite 44: Zodiak 20 (1971). Isometrie U.B. Roth.
Seite 45: Sarnitz, A.: „R.M. Schindler Architect 1887-1953", Hrsg.: Peichl, G., Verlag Brandstätter, Wien, 1986. „R.M. Schindler Architect 1887-1953", Katalog zur Ausstellung, Museum Villa Stuck, München, 1986.
Seite 46: Duikergroep Delft: „J. Duiker, Bouwkundig Ingenieur", Stichting Bouw, 1982.
Seite 47: Hochtief Nachrichten, vol. 37 (1964), Dezember.
Seite 48: Werk, Bauen und Wohnen, vol. 67/34 (1980), Nr. 7/8, S. 31 ff.
Seite 49: Pläne der Architekten. Analyse: Rysler E., Verwijnen, J.: „Bautenanalyse", Seminarwoche, Lehrstuhl Prof. H. Ronner, ETH-Zürich, 1985.
Seite 50: Herdeg, K.: „Formal Structure in Indian Architecture", S. 16 ff, Rizzoli, New York, 1990.
Seite 51: Pläne und Photos des Architekten.
Seite 52: Meier R.: „Buildings and Projects 1966-76", Oxford University Press, New York, 1976.
Seite 53: Werk, Bauen+Wohnen, vol. 72/39 (1985), Nr. 4.
Seite 56: „Der neuzeitliche Wohnungsbau", Baublatt AG, Rüschlikon, ca. 1945; „Kommunaler Wohnungsbau in Wien, Ausstellungskatalog, Wien, 1978.
Seite 57: Werk, vol. 53 (1966), Nr. 12, S. 478 f.
Seite 61: „Entwurfsunterricht an der Architekturabteilung, Dolf Schebli, Lehrstuhl für Architektur und Entwurf, 1971-84", Organisationsstelle für Architekturausstellungen, Institut GTA, ETH Zürich, 1984; Werk, Bauen+Wohnen, vol. 77/44 (1990), Nr. 12, S. 68.
Seite 67: Latour, A.: „Pasanella+Klein", Edizioni Kappa, 1983.
Seite 69: Arnell P., Bickford T.: „James Stirling, Buildings and Projects", S. 82 ff, Rizzoli, New York, 1984.
Seite 70: Jansen, J., Jörg, H., Maraini, L., Stöckli, H.: „Architektur lehren, Bernhard Hoesli an der Architekturabteilung der ETH Zürich", Institut GTA, ETH Zürich, S. 244 f, 1989.
Seite 71: Zeichnung Chr. Brasseur.
Seite 73: „Werkstattbericht 2: Pierre Zoelly", S. 62 f, Organisation für Ausstellungen ETH Zürich, 1978. Zeichnung Chr. Brasseur.
Seite 74: Zeichnungen Chr. Brasseur.
Seite 75: Izzo, A., Gubitosi, C.: „Frank Lloyd Wright, Drawings 1887-1959", Nr. 124, Centro Di, 1976; Analysezeichnung: Chr. Brasseur.
Seite 76: Le Corbusier: „Œuvre complète", vol. 4 (1938-46), S. 185. Hrsg.: Boesiger, W., Artemis, Zürich, 1977.
Seite 77: Grehry, F. in: „The Architecture of Frank Gehry", S. 180, Walker Art Center, 1986.
Seite 79: Werk, Bauen+Wohnen, vol. 80/47 (1993), Nr. 10, S. 14 ff.
Seite 83: Hitchcock, H.-R.: „Architecture: Nineteenth and Twentieth Centuries". Penguin Books, 1958.
Seiten 84-87: Rassegna, vol. 4 (1982), Nr. 11.
Seiten 88-89: Lotus international, Nr. 60, 1988/4. Le Corbusier: „Une petite maison". Edition d'Architecture, Zürich, 1923. Analysezeichnungen: G. Frey.
Seiten 90-91: Sumi, Ch.: „Immeuble Clarté, Genf, 1932". gta, Institut für Geschichte und Theorie der Architektur, Nr. 19, ETH-Zürich, 1989. Modell: Studentenarbeit in der Seminarwoche „Le Corbusier, Mehrfamilienhäuser", Lehrstuhl Prof. H.Ronner, ETH-Zürich, 1979.
Seite 92: Scherwood, R.: „Modern Housing Prototypes". Harvard University Press, Cambridge, 1978.
Seiten 93-99: Le Corbusier: „Œuvre complète", vol. 5 (1946-52). Hrsg.: Boesiger, W., Artemis, Zürich, 1953. Fotos: Prof. B.Hoesli.
Seite 103-108: Le Corbusier: „Œuvre complète", vol. 2 (1929-34). Hrsg.: Boesiger, W., Artemis, Zürich, 1964. Analysezeichnungen: Prof. H.Ronner.
Rückseite: Koolhaas, Rem: „Entwurf für die Französische Nationalbibliothek, Überlagerung der öffentlichen Räume", OMA-Broschüre.

Hier nicht speziell erwähnte Illustrationen sind am Lehrstuhl von Prof. H.Ronner entstanden oder speziell für diesen Band angefertigt worden.

DAS KONTEXT-PROGRAMM

HAUS-DÄCHER

A PROPOS DACH
DACH ALLGEMEIN
STEILDACH
SCHICHTEN
ANSCHLÜSSE
BEISPIELE
FLACHDACH
SCHICHTEN
ABSCHLÜSSE
GLASDACH
BEWOHNTES DACH

DECKE + BODEN

A PROPOS DECKE
BAUSTRUKTUR
BAUPROZESS
DECKENAUFLAGER
DECKENTYPEN
HOLZDECKE
STAHLDECKE
BETONDECKE
INSTALLATIONEN
BODENBELÄGE
DECKENBELÄGE

WAND + MAUER

A PROPOS TRAGWAND
WAS IST WAND
WANDPRODUKTION
LEISTUNG TRAGWAND
TRAGWANDSYSTEME
A PROPOS HAUT
MONTAGE/LEISTUNG
SKELETTFACHWERK
VORHANGWAND
GLASBAUSTEINE
TRENNWAND

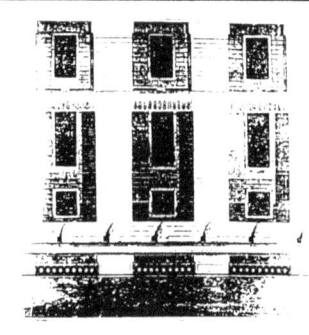

OEFFNUNGEN

A PROPOS FENSTER
PROBLEMSTELLUNG
FENSTERVARIABLE
BAUMEISTERARBEIT
GLASERARBEIT
FENSTERTYPEN
BESCHLÄGE
SONNENSCHUTZ
FUGE FENSTER-BAU
BEISPIELE
TÜREN

HAUS-SOCKEL

A PROPOS SOCKEL
SOCKELANATOMIE
BAUGRUND
LASTABTRAGUNG
FEUCHTIGKEIT
WÄRME UND KÄLTE
HERSTELLUNG
ERSCHLIESSUNG
KONSTRUIEREN
UMGEBUNGSARBEITEN
DER GARTEN

ZIRKULATION

ERSCHLIESSUNG
SYSTEMATIK
BAUSTRUKTUR
BEISPIELE
KORRIDORE
TREPPEN GEOMETRIE
KONSTRUKTION
BEISPIELE
AUFZÜGE
FAHRZEUGE IM HAUS
A PROPOS LIFT

ZAHN DER ZEIT

OBSOLESZENZ
MATERIELL
TECHNISCH
FUNKTIONAL
MODE & STIL
VARIABILITÄT
BEISPIELE
ADAPTABILITÄT
BEISPIELE
FLEXIBILITÄT
BEISPIELE

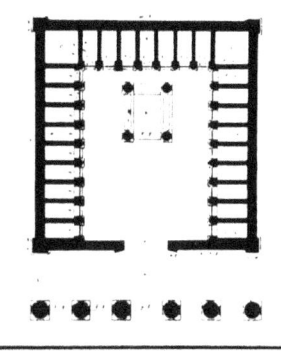

BAUSTRUKTUR

BAUPROZESS
DAS 20. JAHRHUNDERT
BAUWEISE
BAUSTRUKTUR
BAUSYSTEM
MASSIVBAUWEISE
BEISPIELE
SCHOTTENBAUWEISE
BEISPIELE
SKELETTBAUWEISE
BEISPIELE

GPSR Compliance

The European Union's (EU) General Product Safety Regulation (GPSR) is a set of rules that requires consumer products to be safe and our obligations to ensure this.

If you have any concerns about our products, you can contact us on

ProductSafety@springernature.com

In case Publisher is established outside the EU, the EU authorized representative is:

Springer Nature Customer Service Center GmbH
Europaplatz 3
69115 Heidelberg, Germany

www.ingramcontent.com/pod-product-compliance
Lightning Source LLC
LaVergne TN
LVHW080116250326
834688LV00040B/1162